그립다면
한번쯤

이천

상상출판

Prologue

고3 시절 해 질 녘 야간자율학습 시간이었다. 지금 고3 교실도 그렇겠지만 그때 우리들 역시 약간의 긴장과 미래에 대한 불안이 흐르는 평범한 고3 교실에서 자습을 하고 있었다. 야자가 시작되고 30분쯤 지났을까? 갑자기 한 친구 녀석이 의자를 밀치고 벌떡 일어나 밑도 끝도 없이 이렇게 소리치는 것이었다.

"얘들아, 저기 창밖을 봐! 우리가 지금 살고 있는 세상이 저렇게 아름답단다."

그리고 이어진 정적. 짧은 시간 동안 우리는 모두 '저 녀석이 공부 때문에 미친 걸까?'하고 생각했다. 그리고 너 나 할 것 없이 낄낄거리며 웃기 시작했다. 선생님이 놀라서 올 때까지 미친 듯이 웃어댔다.

뭐가 그렇게 웃겼던 걸까? 지금 생각해봐도 웃음의 의미를 잘 모르겠다. '다들 힘들었구나'라는 공감의 웃음이었을까? 아니면 단순히 오글거리는 말투 때문이었을까?

어른이 되고도 한참 동안 친구의 실없는 소리를 잊고 지냈다. 그런데 가족과 함께 이곳저곳에 답사여행을 다니면서 문득 친구의 말이 다시 떠올랐다. 아무렇지 않게 지나쳤던 곳에는 아름다운 이야기가 숨어 있었고, 돌 하나 나무 하나에도 생각지 못한 사연이 담겨 있었다. 세상은 정말 실없던 친구의 말 그대로였던 것이다.

나는 낚시를 좋아한다. 남들은 배스나 붕어 같은 대물 낚시를 즐기지만 난 작은 씨알의 피라미 낚시를 좋아한다. 큰 물고기를 낚을 때는 억센 낚싯대와 굵은 줄을 사용하지만 피라미 낚시는 다르다. 가장 가느다란 줄에 가장 낭창거리는 얇은 낚싯대, 그리고 미늘 없는 작은 바늘을 사용해서 피라미를 낚는데 이렇게 하면 작은 물고기가 잡혀도 그 손맛은 월척에 버금간다. 여기에 기대치를 약간 낮추고 폐 속 끝까지 자연을 들이킬 준비만 하면 피라미 낚시는 세상 최고의 낚시가 된다.

대물 낚시를 즐기는 친구들은 대부분 꽝치는 날이 많다. 대물은 흔치 않을 뿐 아니라, 큰 물고기를 낚아도 기대에 못 미치기 때문에 실망까지 덤으로 얻어 간다. 그러나 나의 피라미 낚시는 실패가 적다.

　이 책은 피라미 낚시에 대한 안내서다. 석굴암이나 에펠탑 같은 대물 낚시 이야기가 아니다. 이천에는 그런 묵직한 답사지가 적다. 그러나 사랑할 마음을 갖고 이 책과 답사를 떠나면 석굴암 버금가는 감동과 에펠탑 못지않은 서정을 느낄 수 있다고 생각한다. 이천과 여주는 물맛 좋기로 유명하다. 이곳에서 생산하는 소주가 다른 지역의 같은 브랜드보다 맛이 더 좋다는 소문이 애주가들 사이에 파다하게 퍼진 적이 있을 정도다. 이곳엔 맥주공장도 있고 물 좋은 온천도 있다. 물만 유명한 건 아니다. 엄청난 일교차로 안개가 유명하고, 흙이 좋아 도자생산지로도 유명하다. 이러한 물과 흙과 자연이 어우러져 이곳에서는 특별한 쌀과 작물이 생산된다.

　이천의 진짜 자랑은 이천이라는 물에서 뛰어노는 피라미들이다. 나는 이 대물 못지않은 피라미들을 사랑한다. 이곳에는 『박씨전』의 주인공 박씨부인이 있다. 전설 속 궁예도 있고, 영화 〈최종병기 활〉의 주인공도 있다. 사화를 피해 내려온 육괴정의 여섯 선비도 있고, 백성을 구한 노스님도 있고, 울트라맨 불상도 있고, 독립군 의병장도 있다. 또한 오래된 느티나무 아래 앉아 계시는 할머니도 있고, 불경하게도 결혼한 절집나무도 있고, 불과 바람을 이겨낸 하늘 끝 소나무도 있고, 죽었지만 살아 있는 나무도 있고, 생강나무와 생각하며 걸을 수 있는 도드람산도 있고, 최고의 명당터를 만든 연못과 세상에서 가장 감동적인 강아지 비석도 펄떡인다. 시인 백석과 윤동주와 신경림의 시도 있고, 아이들과 함께 공부할 수 있는 청동기 시대의 고인돌과 검바위, 선돌도 있고, 미군을 물리친 어재연 장군의 기개도 만날 수 있다. 또한 조선의 왕들이 감동했던 이천쌀밥과 천렵의 추억이 담긴 생선국수에 분홍빛 복숭아까지 맛볼 수 있고, 가족과 함께 환상적인 도예체험과 프로야구 경기 관람에 온천욕까지 즐길 수 있는 곳이 바로 이곳 이천이다. 바쁜 일상과 팍팍한 세상 속에서 가족과 함께 행복하게 살아가길 원하는 모든 사람들, 그 사람들에게 고3 시절 친구의 말과 함께 이곳에 소개된 이천 곳곳을 순례해보길 권한다.

살고 싶은 곳에 사는 사람이
느끼는 즐거움

남의 책 추천사를 써본 게 언제였는지 기억이 나지 않는다. 본업인 글쓰기로 복귀한 후로는 추천사를 쓰지 않는다는 원칙을 견지해 왔다. 내가 읽으면서 진한 감동을 느낀 책을 글이나 강연에서 자연스럽게 소개할 뿐이다. 앞으로도 그럴 생각이다.

그런데 이 책은 예외다. 나도 언젠가는 써보고 싶은 책이라서 그렇다. 나는 어려서 고향을 떠나왔다. 앞으로 고향으로 돌아갈 계획도 없다. 나이를 더 먹으면 태어난 곳이 아니라 살고 싶은 곳에 가서 살 작정이다. 그곳에 살면서 구석구석 뭐가 있는지 확인하고 그 내력을 알아보고 싶다. 그렇게 모은 정보를 엮어 책을 만들면 '향토사(鄕土史)'가 될 것이다. 나는 내가 태어난 고장의 역사보다 내가 좋아하는 고장의 역사를 쓰고 싶다. 뭘 위해서? 뭘 위해서인지는 모른다. 그냥 쓰고 싶다. 직업이 글쓰기라 그런 것이리라.

'그립다면 한번쯤 이천'이라니, 도대체 누가 이천을 그리워한다는 말일까? 아마 고향을 떠나 사는 '이천 사람'들이겠지. 그렇게 짐작하면서 원고를 읽었다. 그런데 읽고 나니 그게 아닐지도 모른다는 생각이 들었다. 저자는 그저 이천이 고향이라서 이 책을 쓴 게 아니었다. 그는 이천이라는 이름을 가진 지역에 살았거나 살고 있는 사람들을, 그들이 살았던 방식을, 그 삶이 남긴 것들을 사랑하고 있는 것 같았다. 그립다면 한번쯤 이천을 보라는 것, 이천 사람한테 하는 말이 아니다. 애착을 느끼는 어떤 공간을, 그것이 고향이든 이민가고 싶은 외국이든, 가슴에 품고 있는 모든 사람에게 건

네는 말이다. "내가 이천을 어루만지는 것처럼 그대들도 어떤 공간을 느끼고 사랑해 보시라!"

　고인돌에서 궁예의 미륵불을 거쳐 프로야구 2부 팀 연습장까지, 이 책이 전해주는 이천 이야기는 평범하고 자잘하다. 저자의 비유에 따르면 이 책은 대물 낚시가 아니라 피라미 낚시다. 한 달 먹을거리를 겨냥한 사냥활동이 아니라 발품 파는 만큼 챙길 수 있는 채집활동과 비슷하다. 만약 내가 이천에 살면서 이 책을 읽는다면 그동안 무심하게 지나쳤던 것들을 새로운 감각으로 대하게 될 것 같다. 다른 곳에 사는 사람으로서 이천을 간다면 미리 이 책을 들여다보고 몇 군데 들르고 싶은 곳을 찾아 둘 것이다.

　기차와 자동차와 비행기는 공간을 말살한다. 우리는 한 점에서 다른 점으로 이동하며 살아간다. 공간은 단지 원하는 곳으로 이동하는 행위를 방해하는 장애물에 불과한 것으로 보인다. 그런데 이 책을 읽다 보면, 우리가 존재의 의미를 발견할 수 있는 곳은 문명의 이기에 실려 손쉽게 건너뛰어 버리는 바로 그 공간이 아닌가 하는 의문이 든다. 이런 의문이 실어오는 '행복한 느낌'을 느껴 보시길!

– 유시민(작가)

Contents

01

유래담과 함께 걷는 답사여행

02

당산나무와 함께 걷는 답사여행

Contents

05
역사와 함께 걷는 답사여행

06
가족과 함께 걷는 답사여행

01

유래담과
함께 걷는
답사여행

01 | 조릿대군락은 삼형제의 효심을 기억하고 있을까?

콩 심은 데 콩 안 나고, 팥 심은 데 팥 안 나는 나무

아들 태랑이가 지금보다 한참 어렸을 때는 여행을 자주 다녔다. 말이 여행이지 그냥 근처 숲길을 걷고 등산하는 정도가 전부였지만, 머리가 굵어져 친구들과 놀러 다니기 바쁜 요즘에는 함께 다니던 그때가 행복했다는 걸 절실히 느끼고 있다. 이제는 아들에게 등산이라도 하자 하면 "난 청소년이니까 최저 시급의 절반만 줘, 그럼 가줄게~"라며 능청스럽게 말한다. 아빠와 함께하는 등산은 '함께하는 것'이 아니라 시간 내서 겨우 '해주는 것'이 되어 버렸다. 이제는 아이에게 알바비를 줘야 하지만 그래도 거절하지 않고 함께 가주는 게 어딘가.

아이는 호기심이 많은 편이다. 어릴 때 아이가 이천 시내 버스정류장마다 사진으로 붙어 있던 이천9경에 대해 관심을 보인 적이 있었다. 게다가 아이는 버스마니아였다. 그 후로 주말마다 아이와 함께 시내버스를 타고 9경을 하나씩 답사했었다. 물론 그때는 시급 없이 공짜로 말이다.

어느 도시에나 있기에 이제는 8경이니 9경이니 하는 말이 진부해졌지만, 알 수 없는 네 글자 한문을 갖다 붙인 현학적인 경치가 아니기에 이천의 9경은 나름 특별한 맛이 있다.

이천의 아홉 가지 경치 중에서 첫 번째는 기암괴석으로 가득한 도드람산의 세 봉우리다. 2경은 설봉산이 품고 있는 설봉호수, 3경은 설봉산 중턱의 삼형제바위, 4경은 백제가 만들기 시작해서 고구려가 완성하고 결국은 신라의 소유가 된 설봉산성, 5경은 노란 꽃물결의 산수유마을, 6경은 도선대사가 심었다는 반룡송, 7경은 조선의 왕들이 쉬어 갔던 안흥지와 애련정, 8경은 장수들의 전설이 살아 숨 쉬는 노성산의 말머리바위, 마지막 경치인 9경은 이천을 대표하는 이천도예촌이다.

아홉 가지 경치 순례 중에 아이가 가장 마음에 들어 했던 곳은 어디였을까? 그곳은 아홉 가지 경치 가운데 하나가 아니었다. 아이가 반한 그곳은 세 번째 경치인 삼형제바위를 찾아가던 길에 발견했던, 오늘 방문할 바로 그곳이다!

설봉산 월전미술관 근처 주차장에 차를 세워두고 영월암 등산로를 따라 걸어 오른다. 영월암 등산로 주변에는 중국단풍이 자라고 있는데 중국단풍 등산길로 조금만 오르면 고욤나무와 느티나무가 독특하게 자라고 있는 설봉서원을 만날 수 있다.

설봉서원은 1564년 이천부사 정현이 창건했다. 주세붕이 세운 우리나라 최초의 서원인 백운동서원이 1543년에 세워졌으니 설봉서원도 역사가 깊은 할아버지 서원이라고 할 수 있다.

창건 후 300년 넘게 이어져 오던 설봉서원은 흥선대원군의 서원철폐령으로 문을 닫았다가 시의 도움으로 2007년에 다시 문을 열게 됐다. 옛날처럼 고등교육기관의 역할을 하는 것은 아니고 지금은 일반인과 학생을 대상으로 한학과 전통예절 등을 가르치며 서원의 맥을 이어가고 있다. 서원의 빼놓을 수 없는 역할은

선현에 대한 제사인데 설봉서원은 현재 북방외교로 유명한 이천 출신의 서희와 성종 앞에서 성리학을 강연했던 이관의, 조광조와 함께 개혁정치를 펴다 기묘사화 때 화를 피해 이천으로 내려와 후학을 양성한 김안국, 삼국사절요를 편찬한 최숙정 등 네 분을 배향하고 있다.

서원에서 무엇보다 반가운 것은 나무다. 바로 고욤나무! 이 고욤나무는 설봉서원의 앞에 홍살문처럼 서 있는데, 언뜻 보면 마을 앞에 서 있는 솟대나 일본 신사 입구를 지키고 있는 도리이처럼 보인다. 서원 앞 고욤나무는 땅속에서부터 네 갈래로 갈라져 나가는 줄기가 재밌다. 마치 하나가 아닌 네 그루의 나무가 갈라져 자라는 것처럼 보이는데, 사람들 말에 의하면 네 갈래의 고욤 줄기는 서원에서 모시는 네 분의 현인을 상징한다고 한다.

고욤나무라고 하면 좀 생소한데 쉽게 말하자면 우리의 토종 야생 감나무라고 할 수 있다. 고욤나무는 은행나무처럼 암수딴그루다. 사람들은 수나무보다 열매가 열리는 암나무를 좋아하지만 고욤나무에 한해서는 암나무를 그리 반기지

않는 것 같다. 고욤열매는 달콤하지만 씨가 많고 매우 작아서 먹을거리가 되지 못하기 때문이다.

예전에 어디선가 재밌는 이야기를 들었다. 콩을 심으면 콩이 나지만 감씨를 심으면 감이 아닌 고욤열매가 열린다는 것이다. 콩 심으면 콩이 나고, 팥을 심으면 팥이 나와야 한다는 것은 속담에서도 증명된 불변의 진리가 아니던가. 그런데 감씨를 심으면 감이 나오지 않고 고욤이 열린다고?

아들은 얘기를 듣자마자 있을 수 없는 일이라며 정색을 한다. 사람들 말에 의하면 이 마법 같은 감씨의 원리는 이렇다. 보통의 나무들은 물과 양분을 힘껏 끌어올려서 열매를 맺는데 감나무는 그런 힘이 약하다고 한다. 그래서 힘이 강한 고욤나무에 감나무 가지를 접붙여서 키우는데, 몸통이 고욤이기 때문에 감씨를 심어도 감이 아닌 고욤이 열린다는 것이다.

"뭐야, 말도 안 돼. 믿을 수 없어!"

접붙이기에 대해 처음 들어본 아들은 도저히 믿을 수 없단다. 나 역시 마찬가지다. 눈으로 보지 않으면 믿지 못하는 성격 탓에 얼마 전에 사무실 화분에 감씨를 심어 놓았다. 과연 5년, 10년 뒤에 감씨에서는 감이 열릴까? 아니면 사람들 말처럼 정말 고욤이 열릴까?

설봉산의 으슥한 비밀 공간, 조릿대군락

설봉서원을 지나 조금만 오르면 등산길은 영월암으로 향하는 차도와 아기자기한 등산로로 갈라진다. 당연히 오늘 찾아갈 곳은 왼쪽의 등산로를 따라 오르는 길에 있다.

설봉산은 세상에서 가장 크고 높은 산이다. 무슨 궤변인가 싶겠지만, 적어도 이천 사람들에게는 그렇다. 그 어느 산보다 사람들 사는 곳 가까이에 있기에 설봉산보다 큰 산은 세상 어디에도 없다. 또한 시내 어디에서든 운동화 끈을 동여매고 문밖을 나서면 설봉산 등산이 시작되니 세상에 어느 곳에 이런 산이 또 있을까 싶다.

설봉산은 묘한 산이다. 높이가 400m가 채 안 되는 작은 산이지만 시내에서 출발해도 등산로가 열 군데도 넘는다. 또한 폭우가 쏟아져도 다음 날이면 언제 그랬냐는 듯 사람들에게 뽀송뽀송한 길을 내준다. 아마 많은 물을 땅 깊숙한 곳에 품어서 사람들의 발걸음을 편하게 해주는 것이리라.

이렇게 몸속에 깊숙이 품었던 물을 내어놓는 약수터도 셀 수 없이 많다. 설봉산에는 서정적인 곳도 많은데, 내가 좋아하는 두 곳은 정상 부근 화두재에서 이섭봉으로 이어지는 능선 산책길과 설봉서원에서 구암약수로 향하는 생태탐방로다.

그러나 나와 아들이 가장 좋아하는 그곳은 바로 지금 오르고 있는 여기다. 서원에서 좁고 경사진 등산로를 오르다보면 갑자기 '턱'하고 나타나는 이곳,

조·릿·대·군·락·지!

사실 이곳은 특별한 이름이 없다. 바위 아래 작은 광장 같은 터에 조릿대가 군락을 이루기 때문에 아이와 내가 그냥 부르는 말이다. 이 조릿대 광장이 아이한테는 비밀 장소처럼 느껴졌었나 보다. 발견하자마자 탄성을 질렀으니 말이다. 그리고는 내게 "아빠! 여기를 우리 가족 비밀 장소로 만드는 건 어때?"라며 엉뚱한 제안을 했다. 바위 아래 작은 터를 조릿대가 감싸고 있고, 조릿대 깊숙한 곳에서 작은 샘물까지 솟고 있으니 아들은 이곳에서 포근함과 함께 신비감까지 느꼈던 것 같다.

그러나 이곳은 우리 가족만의 비밀 장소가 아니었던 모양이다. 조릿대 위쪽의 바위에 누군가 한문으로 글자를 새겨 놓았다. 꽤 오래된 것처럼 보이는데 그 옛날, 시와 노래를 즐기던 한량들의 놀이터가 아니었을까 생각해본다.

나를 포함한 수도권 사람들은 대나무에 대한 로망이 있다. 가끔 TV에서 남도의 왕대나무 숲을 볼 때면 줄기의 쭉쭉 뻗은 시원함에 동경심까지 느끼게 된다.

그런데 믿을지 모르겠지만 이런 마음을 이곳의 조릿대가 적잖이 채워준다. 정말 그렇다. 남도 사람들은 이곳 조릿대를 보면 옹색하다고 할 수도 있겠지만, 그것은 스케일의 차이일 뿐이다. 조릿대는 그 나름의 운치가 있다. 더구나 이곳에서는 왕대나무 숲 못지않은 신비감마저 느낄 수 있다.

조릿대라는 이름은 쌀에서 돌을 걸러내는 조리에서 연유한다. 말 그대로 조리를 만드는 대나무라는 뜻이다. 옛날에는 야광귀신이 찾아온다는 섣달그믐밤에 귀신이 신발을 신고 간다고 해서 신발을 숨겼는데, 신발만 훔쳐 가면 상관없지만 사라진 신발의 주인공은 불길한 일에 시달린다고 해서 문 앞이나 장독대 부근에 조릿대로 만든 복조리나 체를 걸어 놓았다. 야광귀신이 체와 복조리의 구멍을 세느라 움직이지 못하고 결국 새벽닭이 울 때 도망가기 때문이라고 한다.

설봉산에는 산과 관련된 전설이 많이 있는데 그중에 가장 인상적인 이야기는 삼형제바위 전설이다. 독특한 바위 모습에 합쳐진 기이하고 터무니없는 이야기는 진실과 전설의 경계를 모호하게 한다.

옛날 설봉산 기슭에 효심 가득한 삼형제가 어머니와 함께 살고 있었다. 형제는 가난했지만 우애가 깊어 힘들지만 행복하게 어머니를 모셨다. 하루는 설봉산으로 나무를 하러 간 형제가 너무 늦자 어머니는 아들을 찾아 노구를 이끌고 산에 올랐다. 그런 사실도 모르고 집에 돌아온 삼형제는 어머니가 없어진 것을 알고 다시 산에 올라 어머님을 찾아 헤맸다. 한참을 찾아다니는데 낭떠러지 아래쪽에서 호랑이 울음소리가 들려서 내려다보니 어머니가 호랑이에게 쫓기고 있는 것이 아닌가! 형제는 누구랄 것도 없이 동시에 절벽 아래 호랑이를 향해 뛰어들었는데, 그 순간 형제는 한꺼번에 바위로 변하고 말았다.

설봉산 중턱에 똑같이 생긴 바위 셋이 절벽 아래로 떨어질 듯 서 있는데 이것이 바로 삼형제바위다. 덩치도 크고 형체도 뚜렷해서 3번국도 쪽 먼 곳에서도 찾아볼 수 있다. 이천9경 중 세 번째 경치인 삼형제바위는 조릿대군락을 조금만 벗어나면 불쑥 튀어나오는데 여름만 아니라면 삼형제바위의 독특한 모습을 어디에

서라도 볼 수 있다.

"태랑아! 너도 호랑이가 나타나면 삼형제처럼 벼랑에서 뛰어내릴 수 있겠냐? 아들이라면 적어도 삼형제의 효심 정도는 돼야 하지 않겠어?"

삼형제바위 위에서 이천 시내를 바라보며 아들에게 이렇게 말했더니 돌아오는 대답이 걸작이다.

"아이고~ 아버님, 자알 알아 모시겠습니다요. 설봉산에 호랑이가 나타나면 아버님은 제가 꼭 구해드리겠습니다요~"

에고, 말을 말아야지. 꼭 되로 주고 말로 받는다. 역시 말로는 도저히 이길 수 없는 청소년이다.

주말 오후가 나른하다면 아이와 손을 잡고 설봉서원의 느티나무, 고욤나무, 조릿대군락도 구경하고 야광귀신과 삼형제바위의 전설을 이야기하며 설봉산 산책을 하는 것은 어떨까?

아이가 한참 동안 떠나지 못하고 감동하던 조릿대군락도 있고 삼형제 전설까지 담겨 있는 이곳은 설봉산 중턱의 삼형제바위 인근이다.

02 | 사화를 피해 유토피아를 꿈꿨던 사람들

송말리 연당 | 연당 숲 | 임형순 이야기

예전에 KBS 〈1박 2일〉 출연진이 백사면에 방문한 적이 있었다. 후배에게 촬영 소식을 듣고 기대가 정말 컸다. 백사면은 정말 특별한 곳이기 때문이다. 조선시대 사화와 관련된 이야기부터 독립운동과 풍수지리에 대한 이야기, 공민왕의 전설까지 백사면에는 흥미로운 이야기가 끝도 없다. '백사면' 하면 또 산수유 꽃이 아니던가! 게다가 청동기 시대의 멋진 고인돌과 안동김씨 세도가들의 흔적까지 남아 있어 여행과 함께 역사 공부하기에 정말 좋은 곳이 바로 백사면이다. 이렇게 얘깃거리가 많은 곳이 아직 제대로 소개된 적이 없었다. 〈1박 2일〉의 촬영 장소로 백사면을 눈여겨 알아봤을 작가와 촬영 장소로 결정한 PD의 영리함에 감탄하면서 두근거림과 함께 〈1박 2일〉 백사면 편을 시청했다.

그러나 이게 웬일인가! 그날 방송은 아나운서와 출연진이 짝을 이뤄 백사면의 특종을 잡는 콘셉트였는데, 방송 시작부터 백사면을 대한민국에서 가장 평범한 곳이라고 소개했다. 물론 백사면에는 평범한 사람들이 살고 있다. 세상에 평범하지 않은 사람들이 어디 있겠는가. '내용은 좀 다르겠지' 생각하며 지켜봤지만 누구 하나 백사면의 특별한 이야기를 소개하지 않았다. 기자와 함께 특종을 잡아야 하는 방송 주제상 백사면의 여러 이야기를 충분히 특종으로 만들 수 있었다고 생각한다. 결국 방송은 출연진과 기자들의 능력으로 재밌게 마무리됐지만, 진한 아쉬움이 남는 건 어쩔 수 없었다.

뭐, 지난 일이니 어쩌겠는가. 방송에 나가지 못해 아쉬운 마음을 이곳에라도 제대로 담아야겠다. 자! 백사의 숨겨진 수많은 이야기 가운데 먼저 몇 가지를 함께 만나보도록 하자.

탈출과 이주, 그리고 정착은 역사 이래 인류의 어쩔 수 없는 선택이었다. 우리 민족도 다르지 않은데, 우리 역시 먼 옛날부터 이주와 정착의 역사를 가진 이력이 있다. 역사 공부를 조금이라도 한 사람이라면 단군의 조선 건국이 이주세력과 한반도 북부·만주 토착세력의 결합 이야기라는 것을 알 것이다. 우리 민족 이주의 역사는 환웅 이야기처럼 스케일이 큰 민족단위 이동은 물론 씨족의 집단이동과 가문, 개인의 이주까지 다양했다.

또 정권의 불안으로 인해 이주한 사람들도 적지 않았는데 연산군 때와 중종 시절이 그랬다. 조의제문 사건으로 시작해 수많은 사림 양반의 생명을 위협했던 무오사화, 그리고 갑자사화로 인해 사림 양반들은 역사의 종말을 예감했을지도 모르겠다.

폭군 연산군 시절에 살아남는 사람들은 세 부류였다. 철저하게 연산군에게 붙어살든지, 복지부동하며 자기 일에만 집중하든지, 혹은 관직을 버리고 낙향을 하든지.

관직을 버리고 시골로 들어가 은거하는 것은 명분을 중시하는 사림양반에게 명예로운 저항이었다.

사림세력의 여러 낙향지 중에서 이천도 인기가 있었나 보다. 당대를 주름잡던 여섯 가문이 뜻을 모아 이천으로 낙향했으니 말이다. 여섯 가문 중에 하나인 풍천 임씨 임내신 가문은 원적산 기슭의 송말리로 내려왔다. 그 후 송말리는 임씨의 집성촌이 됐고, 지금도 많은 임씨들이 살고 있으며 임씨의 종가도 송말리에 있다.

송말리에는 조금 특별한 곳이 있다. 송말2리 앞을 막고 있는 연당은 작은 연못이다. 그리고 연당을 감싸고 있는 숲이 있는데 연당과 연당숲에는 재미있는 내력과 이야기가 숨어 있다.

몇 해 전에 송말리 연당에 갈 일이 있었다. 연당에 대해 처음 들어봤지만 작은 마을이니까 금방 찾을 수 있겠지 생각한 것이 화근이었다. 근방을 여러 번 돌아도 연당이라는 연못은 보이지 않았다. 검색을 해도 제대로 나오지 않아 결국 사람을 불러 겨우 찾게 됐는데, 설마 이 쪽에 있을까 생각했던 곳에 연못과 숲이 펼쳐져 있었다. 연당 안쪽 마을인 송말2리는 바깥쪽에서는 절대 볼 수가 없다. 또 도로보다 연못이 높아서 밖에서는 연못이 있다는 것도 눈치채기 힘들다. 연못의

안쪽은 다시 작은 숲으로 이뤄져 있고 연당 안쪽 동네는 원적산으로 둘러싸여 있다. 밖으로 통하는 유일한 길은 연못과 숲으로 가려져 있는데, 연못과 숲은 철저하게 동네를 숨기기 위한 특별한 장치 같았다. 사람들은 안쪽 마을과 입구를 왜 이렇게 숨겨 놓은 것일까?

명당을 위한 수구막이 연당 숲

연당의 내력은 이렇다.

임내신의 아버지는 고을 원님을 지냈고, 임내신 역시 요즘의 도지사와 같은 관찰사의 직분을 맡았을 정도로 가문은 명예와 부를 지니고 있었다. 그래서 비슷한 시기에 낙향한 다른 가문들보다 조금은 수월하게 터전을 마련할 수 있었다. 임내신은 이곳 송말리에 터를 잡고 일꾼들을 동원해서 마을을 조성한 뒤 당시 최고 풍수가였던 박상의라는 사람을 초대했다. 박상의는 조선시대를 통틀어 다섯 손가락 안에 드는 풍수가로 유명한데, 임진왜란까지 미리 예견할 정도로 통찰력과 신이함이 있었다고 전한다.

송말리에 도착한 박상의는 겉옷을 벗기도 전에 원적산과 송말리의 지세를 보더니 대번에 이렇게 말했다.

"어르신, 이곳의 터는 좋지만 재물과 기운이 밖으로 빠져나가는 형상입니다. 재물과 기운이 빠져나가지 않으려면 저기 보이는 마을 입구에 연못을 만들고 나무를 심어야 합니다."

박상의는 송말2리의 형세가 원적산에서 내려오는 물과 함께 재물이 빠져나가는 모양을 하고 있으니 연못을 만들어서 흘러내려가는 물을 머물게 해야 한다고 덧붙였다. 그렇게 해야 후손들이 성공하고 위대한 인물이 나올 수 있다는 것이었다. 이에 임내신은 다시 큰돈을 들여 연당과 연당 숲을 조성했다. 현실 정치에 진저리를 치며 낙향한 임내신으로서는 밖에서 보이지 않도록 마을을 막아주는 연못과 숲을 만드는 것이 싫지 않았을 것이다. 세상과 단절하고 싶었을 테니 말이다.

송말리 연당 연못과 숲처럼 마을에 나쁜 기운이 통하지 못하게 숲이나 탑, 건물 등을 조성하는 것을 수구막이라고 한다. 풍수지리가 유행하던 과거에 수구막이는 자연스런 것이었기에 종종 볼 수 있었지만 현재는 얼마 남지 않아 귀한 곳이 됐다.

이곳 연당과 숲은 수구막이의 전형을 보여주지만 풍수지리적인 역할만 하는 게 아니다. 최근 연구 결과에 따르면 마을 앞의 숲이 바람을 약하게 하고, 마을 안쪽에 있는 논의 수분 증발을 막아준다고 한다. 그리고 마을을 막고 있는 연못은 지하수의 수위를 높여서 갈수기에도 물이 부족하지 않게 한다고 한다. 숲과 연못은 단순히 그냥 만들어진 것이 아니었던 것이다.

연당 숲의 나무는 평균 수령이 200년을 훌쩍 뛰어넘는다. 500년 전 연당을 연 임씨 가문의 후손들이 선조들이 만든 송말리를 지켜나가듯, 연당의 나무들 역시 500년 전 조성했던 그 당시 나무의 후손들이다. 연당 숲은 형태가 아주 재밌다. 연당 숲 가운데에는 정자도 있고, 문중 사람들이 모여서 놀 수 있는 작은 공터도 마련돼 있다. 공터 한쪽으로는 재물이 빠져나가는 것을 막기 위한 물줄기가 지나가는데, 원적산에서 흐르는 큰 물줄기는 바깥쪽으로 내보내고 일부를 숲 가운데로 흘려보내 연못으로 들어가게 만들었다. 한여름이면 이곳의 임씨들은 연당에 모여 발을 담그고 풍류를 즐겼을 것이다.

숲의 나무들도 재밌다. 나이 들어 제법 온순해진 음나무는 예쁜 잎으로 나이 많은 연당 숲의 무거움을 경쾌하게 만들어준다. 또한 숲 한쪽 연못가에는 서로 달라붙어 연리지가 된 상수리나무와 느티나무가 있는데 이마저 연당의 분위기를 더욱 돋운다. 연당 숲은 조용하고 운치까지 있어 시낭송회나 문학모임을 할 때 모이면 딱 좋을 그런 장소다. 연당 쉼터를 잠시 빌리려면 임내신의 직계 후손인 송말리 노인회장님의 허락을 받아야 한다.

최고의 명당터임을 증명한 의병장

임씨를 포함한 여섯 가문이 이천으로 내려오면서 힘든 점도 많았을 텐데, 노비들과 아녀자들이 특히 고생했을 것이다. 명문가에 시집왔다고 좋아하던 며느리들은 이곳에 내려와 고생하면서 얼마나 친정이 그리웠을까. 그들과 그들의 후손은 연당의 연리지 나무처럼 한 몸이 되어 서로를 의지하고 위로하며 살아왔을 것이다.

풍수가 박상의의 말처럼 송말리 연당 마을은 후손이 복을 받을 명당이 맞았나보다. 송말리 임내신의 후손 중에서는 유명한 사람이 많이 배출됐다. 가수 임창정도 그중 한 명인데, 임창정의 할아버지 대까지 이곳에 살다가 이천 시내로 이사했다고 한다. 그렇다면 박상의의 말대로 수구막이를 통해 명당이 된 송말리의 성공한 후손이 임창정일까?

임형순은 구한말 송말리의 유생이었다. 송말리의 다른 사람들처럼 그 역시 연당 숲에서 뛰어놀며 어린 시절을 보냈다. 그는 일본이 우리나라에 마수를 뻗던 시기에 분을 참지 못하고 의병을 일으켰다. 그는 이천창의소를 결성해 무장투쟁을 주도했다. 송말리에서 조금만 더 나가면 남한강 이포나루가 있는데, 임형순은 충주 방면에서 한강을 통해 군량미를 싣고 오던 일본 보급선을 공격했다고 전해진다. 임형순이 의병장으로 활동하던 때는 러시아와 일본이 한반도를 서로 차지하려고 싸우던 시기였다.

러시아의 발틱함대가 동해에서 쓰러지고 일본의 식민지배가 본격화되면서 임형순 의병장도 기세 오른 일제에 의해 최후를 맞이하게 된다. 일본은 대대적인 의병토벌작전과 함께 임형순의 의병부대를 추격했다. 임형순 의병장은 일본군의 기세에 밀려 충주 제천까지 퇴각했다. 이미 끝난 게임이었지만, 임형순은 끝까지 저항했다고 전해진다. 그는 제천을 거쳐 안동 쪽으로 퇴각하며 저항하던 중에 제천의 어느 깊은 산골짜기에서 전사했다고 한다. 보고 싶은 가족들을 송말리에 남겨 두고 그는 그렇게 떠났다.

최고의 풍수터라 일컬어지는 금반형지에 조상의 묏자리를 잡으면 그 후손은 36대에 걸쳐 정승과 같은 높은 인물을 배출한다고 전해진다. 그러나 역사적으로 봤을 때 대감, 정승 등의 권력자들은 위기 상황에서 자신의 안위를 걱정하는 경우가 많았다.

진짜 위인은 높은 관직의 그들이 아니라 민족을 위해 자신을 희생한 임형순 의병장 같은 분이 아닐까 싶다. 지관 박상의가 수구막이를 통해 예언한 위인은 임형순 의병장이 아니었을까.

임형순 의병장을 떠올리며 아이의 삶을 생각해본다. 다시 비슷한 상황이 벌어진다면 어떤 삶을 살게 할 것인지. 그들에게 아부했던 사람의 후손들은 지금도 권세와 부를 누리며 고매하게 살고 있는 반면 독립유공자의 후손들은 그렇지 못하다. 송말리 어르신 말씀에 따르면 후손들은 임형순 의병장의 시신조차 찾지 못했고 가족은 왜병들에 쫓기면서 뿔뿔이 흩어져 어느 곳에 사는지조차 모른다고 한다.

아들의 미래는 본인 스스로 선택할 문제겠지만 옆에서 웃고 있는 아들을 보니 심란해지는 마음은 어쩔 수 없다.

연당의 수구막이를 통해 송말리의 풍천임가 가문과 우리 시대의 영웅 임형순 의병장을 얻을 수 있었다. 조선의 풍수가 박상의의 예언은 진짜였다고 생각한다. 앞으로 민족이 위기에 처했을 때 등장할 또 다른 임형순들. 우리는 그들을 응원하기 위해 먼저 이천 송말리의 임형순을 기억해야 한다. 연당에 오면 그와 그들을 떠올릴 수 있다.

03 세상에서
가장 아름다운
개 비석 이야기
개뚝 너머 개 비석 | 풍계리 선돌 · 향나무

　오늘 찾아갈 곳은 조용하게 생각하면서 걸을 수 있는 시골길 답사처다. 사실 오늘은 아내랑 아이와 함께 가고 싶었다. 꼭 보여주고 싶은 곳이 있었기 때문이다. 그러나 아내는 밀린 책을 읽어야 한다며 자신의 휴식을 방해하지 말라는 엄포를 미리 놓은 뒤다. 아들에게는 그동안 시간당 1000원의 임금을 주면서 답사 조수로 임명하고 다녔는데 밥 먹는 시간과 이동 시간을 제외한다니까 단단히 삐졌다. 그리고는 식사 기본 제공은 물론, 이동 시간도 노동 시간에 포함하고 시간당 2000원으로 임금 인상을 요구하며 움직이질 않는다. 어릴 때는 과자 하나만 사 주면 뭐든 다 해결됐는데 머리가 커지더니 함께 놀고 부려먹기가 쉽지 않다.

　'그래, 하루 정도는 혼자 다니지 뭐.'

　오늘 홀로 답사할 곳은 장호원읍 나래리다. 나래리는 이천 시내에서 3번 국도를 타고 가다가 이황리를 지나서 좌측에 있는 동네다.

　나래리에는 네 가지 명물이 있다. 첫 번째는 곧게 뻗은 도로다. 3번 국도에서 꺾어져 나래리까지 연결된 길은 일직선으로 끝도 없이 이어진다. 가끔 이 길을 일부러 지나기도 하는데 가을엔 도로 양옆의 노랗게 익은 벼 사이로 달리는 맛이 재밌다. 차를 세워두고 걸어도 좋고 천천히 달려도 괜찮다. 이곳은 한참을 기다려도 자동차 한 대도 지나지 않는다.

　두 번째 명물은 나래리의 오래된 느티나무다. 나래리 마을회관 앞을 지키고 있는 느티나무 아래에는 커다란 평상이 있다. 오랜 시절부터 이곳 사람들에게 그늘을 내주고 함께했던 나무다.

　세 번째는 느티나무 아래에 있는 '고향의 집'이다. 고향의 집 이야기는 이곳 동네 어르신께 들어서 내력을 알게 됐다. 동네 어르신의 이야기를 옮겨보겠다.

　옛날, 옛날이라고 해야 6.25전쟁 이후였을 거다. 나래리에서 가난하게 살던 사람이 서울로 올라갔다고 한다. 그때는 먹고살기 힘들어 다들 서울로 가던 시절이었다. 올라갔던 사람들 중에는 서울에 적응하지 못하거나 고향이 그리워 다시 돌아오는 사람도 있었다. 그 많은 사람들 중에 나래리에서 상경한 어떤 사람이 서울에서 큰 부자가 됐다. 그는 고향이 그리워 이곳 나래리에 좋은 일을 하고 싶었다. 아니, 부자가 된 자신을 자랑하고 싶었는지도 모를 일이다. 부자는 마을 한

복판 나래리 느티나무 근처 땅을 구입해서 마을 사람들이 쉴 수 있는 집을 짓고 '고향의 집'이라는 근사한 이름까지 붙였다.

그런데 부귀영화도 잠시, 그의 자식들이 사업에 실패하면서 가산을 탕진했다. 지금 나래리에 그 사람의 후손은 남아 있지 않다. 그러나 그가 세운 고향의 집은 여전히 나래리 느티나무 아래에 있다.

고향의 집은 지난 세월만큼이나 퇴락해 일에 지친 촌로 한 명 쉴 수 있는 쉼터를 내주지 못하고 있지만, 이곳이 처음 세워졌을 때만 해도 나래리는 시끌벅적했을 거다. 수십 명이 함께 모내기를 끝내고 고향의 집에 모여 막걸리 한잔, 웃음 한잔을 들이키거나 느티나무 아래 모여 동네잔치를 벌였을지도 모른다.

그러나 지금은 사람들이 모이지 않는다. 노인회관에 어르신들만 몇 분 계실 뿐이다. 이제 수십 명씩 모여 주욱 늘어서서 모내기를 하지 않는다. 기계가 일손을 대신한 지 오래며 기계를 부리던 젊은 농부도 나이를 먹어가고 있다. 그래서 이제는 업체에 모내기를 위탁하는 것이 어쩔 수 없는 유행이 되고 있다.

나래리 고향의 집에 대한 쓸쓸한 이야기는 나래리만의 이야기가 아니다. 60년대와 70년대 정부의 제조업 우선정책에 희생된 농촌 사람들만의 이야기도 아니다. 고향을 떠나서 힘겹게 도시에 뿌리내리려 했던 사람들과 실패했던 사람들, 그리고 그들을 보내고 허탈하게 남겨진 이웃들 모두가 이 이야기의 주인공이다.

1960년대 다른 나라와의 공산품 수출경쟁에서 이기려면 수출품의 가격이 저렴해야 했다. 조악한 품질을 만회할 수 있는 건 가격뿐이었기 때문이다. 제품을 낮은 가격으로 묶기 위해 회사는 노동자의 월급을 적게 올렸다. 정부의 정책이기도 했다. 당시 노동자 월급의 대부분은 식비로 지출됐고, 쌀이 식비의 전부나 마찬가지였던 시절이었다. 쌀값을 올리면 노동자는 월급 인상에 대해 더 큰 목소리를 낼 것이기 때문에 정부는 쌀값을 올리지 않았다. 정부와 기업의 암묵적인 야합이 있었던 것이다. 낮은 쌀값은 농민이 부를 얻을 기회를 박탈했다. 그렇게 희망이 보이지 않는 우리 농촌과 공동체는 사그라들기 시작했다. 그러나 시골 촌부들은 정부를 원망하지 않았다. 서울로 올라가는 자식들의 뒷모습을 눈물지으며 바라보기만 했다. 자신들과 같은 삶을 살지 않길 바라는 마음이었던 것일까?

보름달은 밝아 어떤 녀석은
꺽정이처럼 울부짖고 또 어떤 녀석은
서림이처럼 해해대지만 이까짓
산 구석에 처박혀 발버둥친들 무엇하랴
비료값도 안 나오는 농사 따위야
아예 여편네에게나 맡겨 두고
쇠전을 거쳐 도수장 앞에 와 돌 때
우리는 점점 신명이 난다
한 다리를 들고 날라리를 불거나
고갯짓을 하고 어깨를 흔들거나
(신경림, 〈농무〉 中, 창작과비평사, 1975)

나래리 고향의 집 앞에 서면 농촌의 영광스런 모습과 그 반대의 모습을 함께 보는 것 같아 묘한 감정에 휩싸인다.

나래리의 네 번째 명물을 소개하고자 한다. 나는 그 어디에서도 이렇게 감동적인 비석을 본 적이 없다. 그렇다. 나래리의 네 번째 명물은 비석이다. 세상 어디에도 없는 비석 이야기는 나래리 직선 길이 끝나는 곳에서 시작된다.

"혹시 개 비석 이야기 알아요?"

"네, 들어봤지만 지금도 나래리에 개 비석이 정말 남아 있나요?"

"저도 옛날에 가보고 안 가봐서 가물가물해요."

나래리 비석의 사연은 정말 국보급이다. 나래리의 한순갑 어르신은 비석에 대한 이야기를 시어머님께 처음 들었다고 한다. 그러니 비석의 내력은 적어도 100년 이상 됐을 것이다. 시어머니에게서 들은 비석 이야기는 이렇다.

아주 먼 옛날 나래리에 개를 아끼는 농부가 살고 있었다. 농부는 외출을 할 때도 일을 할 때도 항상 개와 함께 다녔다.

하루는 농부가 힘들게 일을 한 후 막걸리를 마시고 둑에 누워 쉬다가 잠이 들었다. 한참 자고 있는데 저쪽 둑에서부터 불이 번지기 시작했다. 개는 힘껏 짖었으나 술에 취한 주인은 깨어나지 못했다. 점점 불길이 다가오자 개는 옆의 도랑에서 온몸에 물을 묻힌 뒤 번지는 불길에 자신의 몸을 던져 불을 끄기 시작했다. 수십 번을 왕복한 끝에 겨우 주인이 누워 있는 곳에 불길이 오지 못하도록 막았다. 시간이 지나 주인이 잠에서 깨어났을 때 강아지는 검게 그을린 채로 주인의 옆에 쓰러져 있었다. 개의 죽음을 슬퍼한 주인은 정성껏 비석을 조각해서 개가 죽은 둑에 뉘어 놓았다고 한다.

이 이야기는 어릴 적 교과서에서 읽었던 기억이 있다. 정말 나래리가 교과서 속 이야기의 무대였을까? 어르신의 말씀으로는 나래리의 요즘 사람들도 개 비석과 관련된 이야기를 잘 모른다고 한다. 나도 교과서에서 읽었던 기억은 있지만 비석을 세웠다는 이야기는 기억에 없다.

"근데 100년도 넘은 이야기인데 정말 비석이 남아 있을까요?"

"글쎄요. 한 번 같이 가볼래요?"

다리가 불편하신 어르신을 차에 모시고 개 비석까지 가는 길에 어르신은 길을 헷갈려 하신다.

'설마, 정말 개 비석이 있을까? 누가 갖고 가진 않았을까?'

답사할 때마다 동네 어르신들의 기억과 실제가 달라서 고생을 했던 경험이 있어 출발 전부터 비석에 대한 기대는 크게 하지 않았다.

그·런·데, 비석이 정말 있다. 정말 비석이다. 옛 이야기처럼 세워진 비석이 아니라 죽은 강아지처럼 둑에 누워 있다.

비석에는 글자가 없다. 오랜 세월 풍파에 지워졌을지도 모르겠다. 아니, 이 비석은 글자를 모르는 개를 위한 비석이니까 글자가 없는 게 당연한 것일지도. 그러나 이 특별한 비석에는 글자나 글자에 담긴 내용은 중요하지 않다. 주인을 따랐던 강아지의 마음과 강아지를 아끼고 기억했던 주인의 마음이 이미 비석을 가득 채우고도 남기 때문이다.

겨울에 다시 나래리 대동제에 초대됐을 때, 동네 사람들의 의견은 분분했다. 강아지가 살린 인물이 나래리 농부가 아니라 과거시험을 보러가는 사람이었다고도 하고, 음죽현 장터에서 장사를 마치고 여주장으로 가던 상인이라고도 얘기

했다. 닳아가는 비석만큼이나 사람들의 기억도 점점 옅어져 간다. 그만큼 시절이 많이 지났다는 이야기일 것이다.

사람과 강아지의 아름다운 이야기가 담긴 비석은 나래리 직선 길이 끝나는 둑 너머에 있다.

선돌과 향기로운 나무가 마을을 지키는 풍계리

장호원은 이천의 남쪽에 위치한 곳으로 청미천을 경계로 충청북도를 마주보고 있다. 믿기 어렵겠지만, 이곳은 일제강점기만 해도 기차도 들어오고 돛배도 드나들던 곳이다. 근방에서는 최고로 경기가 좋았던 곳이 바로 장호원이었다. 조선시대에도 많은 권세가들이 장호원의 땅을 자신의 옥토로 소유하고 싶어 했다. 지금은 발전이 더딘 곳이지만 분명 옛 영광의 시대가 다시 올 것으로 장호원 사람들은 믿고 있다.

장호원을 끼고 도는 청미천을 따라 여주 점동 쪽으로 뻗은 길은 드라이브하기에 재밌다. 개울을 따라 달리는 시원한 맛이 있는 곳인데 우리 가족은 이곳을 자동차가 아니라 두 발로 달렸던 적이 있다.

아이가 여덟 살 때였을 것이다. 녀석이 어디서 듣고 왔는지 장호원 복숭아 마라톤대회에 참가하자며 조르기 시작했다. 한번 무언가에 꽂히면 끝장을 보는 성격임을 알기에 얼른 홈페이지에 들어가 참가 접수를 했다. 복숭아 마라톤대회는 장호원읍이 주최하는데, 매년 복숭아 축제를 즈음해서 열리는 장호원에서 가장 큰 행사 가운데 하나다. 졸지에 마라톤에 참가하게 된 우리 가족은 아침마다 운동을 하면서 대회를 준비했다. 대회 당일, 결국 가족 모두 완주를 하고 결승점에 들어오는데 마라톤 사회자가 감동적인 목소리로 이렇게 말했다.

"네! 일곱 살짜리 꼬마도 완주에 성공했습니다."

사회자의 말에 화가 난 아들은 갑자기 사회자 앞에 가더니 한마디도 지지 않고 이렇게 말했다.

"저 일곱 살 아니거든요! 저 여덟 살이에요! 그리고 저 꼬마 아니거든요!"

어찌 됐든 극성스런 아드님 덕분에 우리 가족은 차 한 대 없는 아름다운 청미천 길을 달렸다. 그 기억 때문인지 이곳 풍계리와 청미천에 더 좋은 감정을 갖고 있다.

풍계리에도 명물이 있다. 바로 도인의 전설이 깃든 풍계리 선돌과 향나무인데, 선돌은 말 그대로 '서 있는 돌'이다. 선돌은 우리나라에서 흔하게 보이는 고인돌과 함께 거석문화를 대표한다. 선돌은 신석기 시대부터 청동기 시대까지 장승과 같은 토속 신앙이나 숭배의 대상이 되기도 했기에 꼭 방문해보고 싶었다.

그러던 차에 마을 노인회 총회에 초대한다고 풍계리 이장님께 연락을 받았다. 마을 노인회 총회는 대동제와 함께 마을의 가장 큰 행사다. 노인회는 시골 마을에서 절대적인 역할을 하는 곳이다. 전통이 남아 있는 시골답게 연장자들의 의견이 공식적인 의견보다 중요할 때가 있기 때문이다.

노인 총회가 끝나고 풍계리 마을회관 안에는 음식이 차려지기 시작한다. 나는 빨리 선돌 구경을 하고 싶은데 어르신들께서는 급할 게 뭐가 있냐며 먹고 나서 이야기하라며 소매를 잡아끈다.

풍계리의 윗마을과 아랫마을 사이에 있는 선돌은 원래 황소의 모습을 하고 있었다고 한다. 그런데 황소의 엉덩이가 향하는 마을이 윤택하게 잘 살게 된다고 해서 아랫마을에서 몰래 자기 마을 쪽으로 황소의 엉덩이를 돌려놓았고, 다시 윗마을 사람들이 몰려와 윗마을 쪽으로 돌을 돌려놓았다고 한다. 그렇게 오랜 세월 싸우며 분란이 커지자 지나가는 도인이 선돌을 뽑아 똑바로 세워 놓았는데, 그게 바로 현재의 선돌 모습이다.

비록 도인은 사라졌지만 선돌과 향나무는 그대로 남아 여전히 풍계리의 앞과 뒤쪽을 든든히 지키고 있다.

60~70년대 농촌의 영광과 아픔, 그리고 개 비석과 선돌의 전설이 남아 있는 이곳은 이천시 장호원읍의 나래리와 풍계리다.

04
절집에서
혼인을 한 불경스런
나무 이야기
영월암 은행나무 | 마애여래입상 | 설봉산성

아내와 나는 함께 일하고 있다. 꽃다운 여대생 아내를 데려와서 아이 낳고 함께 일하기 시작했으니 벌써 15년이 넘어간다. 신혼 때야 함께 있는 것만으로 행복했지만 오랜 시간을, 그것도 집은 물론 직장에서도 일거수일투족까지 함께하는 것은 아내에게 결코 쉽지 않은 시간이었을 게 분명하다. 가끔은 아내도 상처를 받고 아픔도 느꼈을 것이다. 그러나 아내는 싫은 내색 크게 하지 않고 열심히 살아왔다. 그런 아내와 꼭 함께 걷고 싶은 곳이 있다. 함께 걸으면 아내에게 많은 위로가 될 것 같은 그런 곳이다.

오늘 아내와 함께 찾은 곳은 나웅선사의 이야기가 배어 있는 설봉산 영월암이다. 영월암은 설봉산 정상 부근에 있는 작은 절이다.

영월암 앞에는 커다란 은행나무가 서 있다. 영월암 안쪽에 있는 듯 보이지만 엄연히 절집 담장이 나무를 막고 서 있다. 무슨 사연이 있어 쫓겨난 나무처럼 말이다. 사람들 말에 의하면 나웅선사가 이곳 영월암에 머물다 떠나면서 지팡이를 꽂았는데, 그 지팡이가 은행나무로 자랐다고 한다. 누군가 꽂은 물체가 나무로 자랐다는 이야기는 흔하디 흔한데 이를 '삽목설화'라고 부른다.

나웅선사는 고려 말 스님으로 20세 때 친한 친구의 죽음으로 인생의 덧없음을 느끼고 출가했다고 한다. 이후 원나라 유학길에 올라 지공화상으로부터 불법을 전수받았고, 공민왕의 왕사가 되어 고려 불교를 중흥시키는 데 공을 세웠다. 나웅선사는 조선 건국과 한양천도에 큰 공헌을 한 무학대사의 스승이기도 하다. 타락할 대로 타락한 고려 불교를 개혁하기 위해 노력을 했지만 결국 뜻을 이루지 못하고 여주 신륵사에서 입적했는데, 입적하기 전 이곳 영월암에서도 오랫동안 정진했다고 전한다. 이렇게 말해도 나옹선사가 누군지 잘 모르는 사람이 있을 것이다. 그래도 나옹선사의 이 시는 누구나 알고 있지 않을까?

청산은 나를 보고 말없이 살라하고
창공은 나를 보고 티 없이 살라하네
사랑도 벗어놓고 미움도 벗어놓고
물같이 바람같이 살다가 가라하네
성냄도 벗어놓고 탐욕도 벗어놓고
물같이 바람같이 살다가 가라하네
(나옹선사, 1320~1376)

욕심 없고 깨끗했던 나옹선사의 지팡이나무라 그런지 영월암의 은행잎은 다른 나무의 그것과는 다르다. 영월암 은행잎은 작고 앙증맞다. 이렇게 작은 은행잎은 어디에서도 본 적 없다. 나는 영월암의 은행나무를 '손톱 잎 은행나무'라고 부르는데, 가을만 되면 유독 진눈깨비처럼 떨어지는 영월암 은행나무가 보고 싶어진다. 커다란 은행잎보다 작은 잎의 영월암 은행나무가 가을날의 쓸쓸함도, 아내의 마음도 위로해 줄 수 있으리라. 나는 눈송이처럼 떨어지는 영월암의 은행나무를 사랑한다. 살랑살랑 떨어지는 은행나무 잎을 한참 동안이나 바라보는 아내를 보니 적잖이 감동한 눈치다.

그런데 이렇게 아름다운 손톱 잎 은행나무가 절집 안으로 들어오지 못하고 절에서 쫓겨난 파계승처럼 담장 밖에서 잎을 물들이고 있는 이유는 무엇일까? 여기에도 사연이 있는 듯 보인다.

양정여고는 이천의 고등학교 중에서도 역사와 유래가 깊은 학교다. 양정여고는 선생님의 감시 없는 무감독 시험으로도 유명하다. 이러한 모습이 광고주에게 어필했는지 TV와 신문 광고에 양정여고의 이력이 여러 번 사용되기도 했다. 양정여고는 미국인 클라크 부인이 양정여고의 전신인 이천여자매일학교를 세운 후 김동옥 목사가 뜻을 계승해서 이어오고 있는데, 1938년 일제의 신사참배 강요에 거부하다 폐교당하기도 한 의로운 역사를 갖고 있다. 역사와 전통이 있는 오랜

학교답게 양정여고는 오랫동안 지역 사람의 사랑을 받아왔다. 존경하는 누이와 사랑하는 나의 아내도 모두 이 학교를 나왔다.

영월암 은행나무 이야기를 하다가 뜬금없이 여고 이야기냐고? 바로 오늘의 주인공인 영월암 은행나무의 오랜 연인이 양정여고에 살고 있기 때문이다. 은행나무는 소철과 마찬가지로 암컷나무와 수컷나무가 따로 있다. 이러한 나무를 어려운 말로 자웅이주, 쉬운 말로는 암수딴그루라고 부른다.

영월암 은행나무는 절집 나무답게 수컷 은행나무다. 이 나무는 영월암을 찾는 사람들과 등산객에게 많은 사랑을 받고 있다. 영월암 은행나무는 설봉산 산사에서 수도하는 선승처럼 고고하게 이천 시내를 내려다보며 노란 은행잎을 물들이고 있다.

영월암의 은행나무를 찾은 뒤 다시 양정여고의 연인을 찾았다. 양정여고 은행나무는 운동장 한편에 서 있는데 영월암의 남편 나무와는 분위기가 사뭇 다르다. 여고 수돗가 옆에 서 있는 은행나무는 암나무라 여학생들의 기피대상이다. 여고생들이 지나가다 은행을 밟을라치면 비명을 지르며 투덜거린다.

출가한 수컷 은행나무는 스님들 몰래 결혼해 두고 산사에서 경을 듣고 목탁소리를 들으며 고매하게 살아가지만, 대처의 암나무는 그가 남기고 간 자식들을 잉태하느라 속세의 모진 세월을 견뎌내고 있다. 이렇게 생각하니 갑자기 영월암 수컷 은행나무가 괘씸해진다. 아이를 낳고 산통에 시달리는 아내를 버리고 출가했다는 어떤 스님처럼 말이다. 부처님도 몰래 결혼한 영월암 은행나무가 괘씸했던 것일까? 절집 안으로 들어오지 못하고 담장 밖에 서 있는 걸 보면 말이다.

두 나무의 혼인 이야기가 굴러가는 은행잎에도 까르르 웃던 여학생들이 지어낸 이야기인지, 이야기를 만들어내기 좋아하는 사람들의 우스갯소리인지 증명할 길은 없다. 그러나 답사의 재미를 더욱 살려주는 이야깃거리가 하나 더 생긴 것이니 믿어보기로 하자.

10월 말이면 먼 곳에서도 삼형제바위 바로 위쪽으로 커다란 노란 점을 볼 수 있다. 아마 몰래 결혼한 영월암의 수컷 은행나무가 여고의 암나무가 그리워 잎을 노랗게 물들인 게 틀림없을 것이다.

은행나무가 자라는 영월암은 신라 문무왕 시절의 의상대사가 '북악사'라는 이름으로 창건했다고 전한다.

이후 조선 영조 시절 영월대사 낭규가 북악사를 중창하면서 자신의 법호를 따서 이곳을 영월암이라고 부르게 됐다.

영월암을 둘러볼 때는 반시계 방향으로 돌아야 영월암의 제맛을 느낄 수 있다. 아미타전 뒤쪽에는 음나무와 느티나무의 뿌리가 엉겨서 함께 자라는데 이 나무들을 끼고 돌면 먼저 영월암 삼층석

탑을 만날 수 있다.

　석탑에는 사연이 있다. 예전에 영월암 주변에 오래된 석탑이 있었다. 아마 의상대사가 창건한 탑으로 추정되는데 하도 오래돼 석탑이 무너져 여기저기에 석탑 조각들이 흩어져 있었다고 한다. 지금은 다시 보수해서 원형에 가깝게 됐지만, 앙상한 생선가시 같아서 아쉬움이 남는다.

　이 석탑에는 나도 한 마디 거들 수 있는 사연이 있다. 설봉산을 답사하면서 삼층석탑의 잃어버린 부분을 내가 찾았기 때문이다. 사진을 찍어 삼층석탑과 비교해도 거의 비슷해 주지스님께 흥분해서 전화를 했다.

　"네, 그건 탑의 기반석인데 이곳 삼층석탑과는 다른 것입니다."

　흥분된 목소리와는 상반된 차분한 목소리로 내 기대를 무너뜨린다.

　영월암 삼층석탑을 지나 조금만 올라가면 보물 제822호 영월암 마애여래입상을 만날 수 있다. 굳이 찾으려 하지 않아도 영월암 뒤편에는 바위와 하나 되어 후덕하게 서 있는 불상을 만날 수 있다. 주지스님의 말씀으로는 이 입상이 미륵불상이라고 한다. 미륵불이란 석가모니가 열반한 뒤 56억 7000만 년이 지나면 세상을 구원하기 위해 출현하는 부처를 말하는데, 미륵불 세상에서의 인간은 8만

4000세까지 살 수 있고 세상은 안온한 기쁨으로 가득해진다고 전한다. 미륵부처가 나는 곳에는 물이 있다는 말이 있는데, 주지스님은 설봉호수가 그것이라고 말한다.

그런데 아직 석가모니가 열반한 지 2500년에 불과하니, 56억 6999만 7500년만 기다리면 좋은 세상이 오려나 보다. 과연 그때에 우주가 존재할까? 백성들은 언제나 살기 힘든데 말이다.

미륵불을 지나면 연화좌대와 석조광배를 볼 수 있다. 영월암 연화좌대와 석조광배는 영월암의 전신인 북악사가 세워질 당시에 조성된 것으로 보고 있다. 석조광배라는 것은 부처님 머리와 몸에서 나오는 두광과 신광을 표현하기 위한 깃이다. 서양에서는 이를 아우라라고 말하는데, 광배는 부처의 몸에서 나오는 신이한 '진리의 빛'을 표현하기 위함이다. 연화좌대는 불상을 올려 두는 연꽃모양의 좌대를 말한다. 영월암의 연화좌대와 석조광배의 문양은 고려시대의 투박한 문양이 아니라 섬세하고 화려한 편이다. 이런 이유로 신라시대에 만들어진 것으로 추정하고 있다. 원래 연화좌대에는 근사한 불상이 모셔져 있었다고 한다. 그러나 지금은 불상은 사라지고, 그 자리에는 균형이 맞지 않아 바라보기에도 민망한 작은 불상이 안치돼 있다.

1907년 들불처럼 일어났던 정미년의 의병운동을 진압하기 위해 일본은 군대를 이끌고 이천에 들어왔다. 당시 이천지역 의병운동이 가장 격렬했는데 일본이 이를 토벌하기 위해 이천 시내의 모든 집들을 불태웠다. 이를 '이천충화사건'이라고 한다. 당시 일본군은 의병을 쫓아 이곳 영월암까지 들어왔다고 하는데 아마 그때 영월암 스님들이 조선의병들을 숨겨 주고 지원했었나 보다. 일본군은 영월암마저 불태웠고 그들이 지나간 뒤 연화좌대에 모셔진 불상까지 사라졌다고 전한다. 정말이지 그들의 만행이 미치지 않은 곳이 없다.

불꽃처럼 빛났던 고려시대 불교와 나옹선사의 숨결, 그리고 영월암 손톱 잎 은행나무에게 위로를 받을 수 있는 이곳은 설봉산 중턱의 영월암이다.

설봉산에 오르는 등산 코스는 여러 개다. 그중에서 이천 사람들이 가장 사랑하는 곳은 칼바위를 지나는 등산로다. 등산로가 넓어 걷기 편하고 무엇보다 설봉산성의 성벽을 따라 걸을 수 있다는 점이 가장 큰 매력이 아닐까 싶다.

설봉산성은 봉우리를 중심으로 성벽을 두른 퇴뫼식 산성이다. 산성 둘레는 1079m로 삼국시대의 성 중에서 큰 편에 속한다. 치성은 네 군데에서 보인다. 설봉산성에서는 기와, 토기, 철기 등이 다수 출토되는데 유물의 종류로 봐서는 삼국시대부터 고려시대까지 사용하던 성으로 추정된다.

설봉산성이 위치한 이천 지역은 삼국시대에 한강 유역을 차지하려 했던 삼국의 격렬한 싸움터였을 것이다. 이천의 북쪽에는 한강이 흐르는 광주가 있고, 동쪽으로 가면 남한강이 흐르는 여주가 나오고, 남쪽은 삼남지방과 이어지기 때문이다. 시대에 따라 이천지역을 점령한 국가가 달랐기에 설봉산성에는 다양한 시기의 유물들이 발견된다. 이곳은 삼국 초기만 해도 백제의 땅이었다. 그러나 고구려 장수왕의 남하정책으로 한강 이남까지 차지하게 되면서 고구려 땅이 됐다가, 백제 성왕과 신라 진흥왕의 협공으로 다시 백제의 땅이 된다. 하지만 진흥왕의

배신으로 이천은 이후 신라의 땅으로 남게 됐다. 이러한 역사적 흐름을 봤을 때 설봉산성은 백제가 쌓기 시작해서 고구려가 완성해 결국은 신라의 산성이 된 것이 아닐까 싶다.

이천과 설봉산성은 고려를 건국한 태조 왕건과도 인연이 있다. 후백제와의 마지막 일전을 펼치기 위해 남진하던 왕건은 복하천의 거대한 늪에 막혀 건너기 힘든 상황이었다. 깔끔하게 정비된 현재의 복하천은 작은 개울이지만 1000년 전 복하천과 그 주변은 작은 비에도 쉽게 범람하는 늪지였다. 개간을 해서 농토가 된 구만리 뜰도 사실은 복하천의 범람원으로 농사 짓기 힘든 넓은 늪지였을 것이다.

늪지에 큰비까지 내려 거대한 호수가 되어 버린 복하천 앞에서 초조함에 발을 구르던 왕건에게 서목이라는 사람이 나타났다. 서목은 서신일의 조카로 서희 장군의 5촌 당숙이다. 그는 효양산 인근에 살았기 때문에 누구보다 이곳 지리를 잘 알았다. 서목의 도움으로 무사히 복하천을 건넌 왕건은 결국 통일의 대업을 이룰 수 있었다. 통일 후 왕건은 이곳에서의 고마움을 잊지 않았다. 왕건은 당시 남천이라고 불리던 이 지역에 '이섭대천'이라는 귀한 이름을 내렸고, 서목의 도움으로 건넜던 넓은 개울인 '한내' 역시 복을 준 하천이라는 의미의 '복하천'으로 이름이 바뀌었다고 한다.

홍수로 인해 강을 건너지 못하던 왕건의 군대는 아마 설봉산성에서 물이 빠지길 기다렸을 것이다. 언제 후백제의 군대가 습격할지 알 수 없는 것은 물론, 이곳은 이천평야를 비롯해 삼남지방으로 이어지는 길까지 한눈에 보여 적의 습격으로부터 쉽게 대비할 수 있는 곳이기 때문이다.

설봉산성 칼바위 인근에는 옛 설봉산성의 봉수대와 장군이 지휘하던 남장대지의 흔적이 아직도 남아 치열했던 삼국의 항쟁을 증언하고 있다.

05
돗울음
전설과 함께 오르는
도드람 산행

도드람산 | 태평흥국명마애보살좌상

학생들을 가르치고 있다는 이유로 학부모에게 상담 신청을 자주 받는다. 상담 내용은 주로 '공부'지만 아이와의 '관계'로 인한 고민도 생각보다 많다.

나는 청소년기의 아들과 관계가 좋은 편이다. 캐치볼과 농구도 자주 하는데 둘이서 운동할 때는 세상에서 가장 행복하다고 느낀다. 아이는 함께 마트에 갈 때나 답사 다닐 때도 옆에 붙어서 쉼 없이 조잘거리는데, 나와 아내는 수다쟁이 아이에게 이야기 듣는 것을 좋아한다.

자녀와 좋은 관계를 유지하려면 아이가 아기였을 때부터 하루에 한 번 이상 반드시 스킨십을 하고 진심으로 대화를 해야 한다. 그리고 아이와 '놀아주는' 것이 아니라 함께 놀아야 한다. 아이를 스마트폰이나 TV에 맡기거나, 부모가 스마트폰을 보면서 건성으로 아이를 대하는 건 정말 좋지 못한 행동이다.

청소년기 아이와의 관계 문제로 고민하는 부모들이 많지만 지금도 늦지 않았다고 생각한다. 아이가 훌쩍 커서 당장 스킨십 하는 것이 어색하다면 먼저 아이와 함께하는 등산을 권하고 싶다.

아들과 본격적으로 산에 오르기 시작한 것은 아들이 일곱 살 때였던 걸로 기억한다. 아이와 등산을 시작한 뒤, 아들이 아홉 살이 되기 전에 이천에 있는 산을 모조리 다녔다. 생각나는 산만 해도 마옥산, 원통산, 설봉산, 아리산, 원적산, 노성산, 마국산, 백족산, 설성산, 효양산, 해룡산 등이 있는데 아이가 처음부터 등산을 좋아했던 것은 아니다. 지금과는 달리 처음에는 산을 싫어해서 억지로 데리고 가려고 했던 적도 있었다.

아이가 일곱 살 되던 해에 아이와 함께 등산하고 싶어서 잔꾀를 냈다. 마침 TV

에 산삼 이야기가 나오고 있었는데 산삼 거래 가격을 들은 아들은 꽤 많이 놀라워했다. 이때다 싶었다.

"태랑아, 산삼 캐러 갈래? 산삼 하나만 캐면 과자 100봉지도 더 살 수 있는데 같이 갈래?"

"진짜요? 어디서 캐는데요?"

"산에 가면 엄청 많아. 모종삽 들고 함께 가자. 산삼 팔아서 과자 사 먹자!"

시작은 그랬다. 산삼을 미끼로 산에 오르기 시작한 것이다. 한겨울에 아이와 모종삽을 들고 찾은 첫 산은 마옥산이었다. 한바탕 등산 후 아이에게 어린 참나무를 산삼이라고 속여서 캤던 것으로 기억한다. 아이가 참나무 산삼을 들고 얼마나 좋아하던지 왠지 미안해지기까지 했다.

그렇게 아이와의 산행이 시작됐다. 아이는 산을 좋아하게 됐다.

오늘 오를 도드람산은 등산로가 길지 않지만 꽤 험한 산이다. 아들과는 벌써 네 번째인데, 8년 전 처음 함께 올랐을 때는 정상 인근에서 도시락을 먹었던 기억이 있다.

도드람산은 험해도 오르는 재미가 있어서 아이가 참 좋아하는 곳이다. 게다가 이곳은 산의 기운도 좋아 풍수가들이 자주 찾는다고 하는데 산의 기운만큼이나 재밌는 이야기가 여럿 숨어 있다. 마고할미가 금강산을 만들기 위해 흙을 퍼 오던 중에 한 줌을 흘렸는데, 그 한 줌의 흙이 도드람산이 됐다고 한다. 아닌 게 아니라 도드람산의 정상 부근은 금강산의 일부와 똑 닮았다. 그래서 사람들은 도드람산을 이천의 소금강이라고도 부른다.

도드람산, 도드람산…. 도드람산은 어려운 한문 이름이 아니고 쉬운 우리말 이름이라 더 정감이 간다. 도드람산이라는 이름 역시 내력이 있다.

옛날 산자락 인근 마을에 홀어머니를 모시고 사는 아들이 있었다. 한 번은 어머니가 이름 모를 병에 걸려 생사의 갈림에 놓이게 됐다. 유명하다는 의원을 모시고 진맥을 해봐도 차도가 없자 아들은 절망의 시간을 보내고 있었다. 그때 홀연히 스님 한 분이 나타나 산에 자라는 석이버섯을 따다가 달여서 먹이면 나을 거라는 이야기를 남기고 사라졌다. 효자는 스님 말대로 버섯으로 약을 만들었고,

어머니는 눈에 띄게 차도를 보이기 시작했다.

어머니를 살릴 수 있다는 생각에 신이 난 효자는 다음 날도 산에 올라 절벽에 매달려 버섯을 따기 시작했다. 튼실한 석이버섯은 바위틈에서 자랐기 때문에 효자는 밧줄에 의지해 버섯을 땄다. 한참 따고 있는데 어디선가 멧돼지 울음소리가 들렸다. 멧돼지는 원래 울음을 크게 우는 동물이 아니라 이상하게 생각한 아들은 절벽에 올라가 주위를 돌아봤지만 돼지는 오간 데 없었다. 그런데 다시 절벽으로 내려가려고 밧줄을 보니, 밧줄이 바위 모서리와의 마찰로 끊어지기 직전이 아니던가. 조금만 더 밧줄에 매달려 있었다면 효자는 낭떠러지로 떨어졌을 것이다. 돼지 울음소리가 효자의 목숨을 살린 것이다. 사람들 말로는 아들의 효심에 감동한 산신령이 돼지를 보내 효자의 목숨을 구한 것이라고 한다. 그래서 사람들은 이 산을 돼지가 울었던 산이라는 뜻의 '돗울음산'으로 부르기 시작했고, 이후 도드람산으로 발음이 바뀌게 됐다.

고지도를 비롯한 옛 책에는 도드람산이라는 이름 대신에 '저명산'이라는 한자 이름이 붙어 있다. 저명산은 돼지 저(猪)에 울음 명(鳴)자를 쓰는데 말 그대로 '돼지 울음 산'이라는 뜻이다. 아마 기록을 하면서 한자어로 바꿔 놓은 게 아닌가 싶다. 도드람산은 이름만큼이나 형태도 특이한 편이다. 내가 살던 모가면 쪽에서 산을 바라보면 삼각김밥 모양을 하고 있는데, 어릴 때 이 삼각김밥 산을 보면서 호기심이 동했던 적이 있다. 또한 설봉산 쪽에서 보면 월출산 같기도 한데, 석양

이 질 무렵 해에 가려진 동쪽 그늘에서 산을 바라보면 거대한 성벽이 가로막고 있는 듯한 느낌이 든다.

도드람산 산행은 보통 서이천 나들목 가까운 등산로에서 시작된다. 주차장도 있어서 단체산행도 괜찮다. 등산이 시작되고 10분 정도는 쉽지 않은데 조금만 더 오르면 봄에는 생강 꽃과 진달래가 등산객을 반기고 있어 재밌게 오를 수 있다.

산수유 꽃과 쌍둥이인 생강나무 꽃은 자체로도 예쁘다. 게다가 가을철 통통한 산수유 잎도 꽤 매력적인데 난 개인적으로 생강 꽃보다 생강나무의 노란 단풍을 더 좋아한다. 가을날의 도드람산 등산로에는 노란 생강나무 단풍이 등산의 재미를 더해준다.

생강나무 등산길을 따라 한참 오르면 정상이 가까워지는데, 도드람 1봉 인근에서 등산로는 절벽 길과 일반 등산로로 갈린다. 스릴을 좋아하는 아들은 언제나 절벽 길로 오른다. 그러나 무서움을 많이 타거나 아이가 어리다면 우회등산로를 이용해야 한다. 절벽 등산로는 밧줄을 잡고 오르거나 정말 아슬하게 절벽 사이사이를 지나가야 하니 말이다.

도드람산의 봉우리도 여럿이다. 도드람 1봉과 2, 3봉을 차례로 지나면 정상이 나오는데 사람들은 산 정상을 4봉이라 부르기도 한다. 정상 부근은 절벽이 산 아래까지 이어져 있어서 무섭기도 하지만, 대신 아름다운 전망을 보장한다. 절벽 건너에는 설봉산이 마치 형제 산처럼 가깝게 서 있는데, 고속도로가 들어서면서 두 산을 갈라 눈과 귀를 막는 것 같아서 아쉽다.

도드람산은 수도권 명산으로 이름이 높은데 진짜 돌산 특유의 모습을 보려면 돼지굴 등산로로 향해야 한다. 돼지굴로 이어진 길에 박혀 있는 철제 계단을 걸어봐야 절벽과 관련된 도드람산 전설의 내용을 이해할 수 있고, 전설 속 효자의 심정도 느낄 수 있기 때문이다.

돼지굴로 향하는 등산로는 정말 위험한 코스다. 정상에서 직접 돼지굴과 돼지굴 전망대로 갈 수도 있지만 사고 위험이 크다. 안전한 우회로를 통해 돼지굴 전망대까지 이를 수 있으니 참고하자.

아들과 도드람산을 다시 찾았을 때는 생강 꽃이 활짝 핀 봄날이었다. 꽃구경을 하면서 천천히 정상까지 오르는데 갑자기 비가 내리기 시작했다.

"아빠. 비가 많이 올 것 같은데 돼지굴에 가면 피할 수 있지 않을까?"

아이가 어렸을 때는 돼지굴 쪽이 위험하다고 해서 가지 않았다. 그래서 아이는 돼지굴이 깊숙한 동굴일 거라 생각했나 보다. 아들과 함께 비를 피해서 찾아간 돼지굴은 굴이라기보다 바위틈이라는 표현이 적절한 듯 보였다. 그냥 비를 맞을 수밖에 없는 천장오픈형 굴이라고나 할까?

돼지굴은 전설에 비해 실망스럽지만, 전망대로 이어지는 암벽코스는 꽤 매력이 있다. 전망대에 오르는 방법은 철제 계단을 통해 편하게 오르거나 다소 위험하지만 철심 사다리 길로 오를 수 있는데, 아들은 본인이 암벽 전문가라며 철심 사다리로 오르려고 한다. 아들을 겨우 진정시키고 철제 계단을 통해 돼지굴 전망대에 오르니 시원한 풍경이 등산객을 맞이한다.

생강나무와 함께 걸을 수 있는 도드람산. 혼자일 때는 노란 생강나무 단풍과 함께 생각하며 걸을 수 있고, 둘일 때는 전설도 이야기하고 서로를 생각하며 걸을 수 있는 산. 쟁쟁한 이천의 아홉 가지 경치 중에서도 당당히 첫 번째에 이름을 올린 도드람산. 가족과 함께할 수 있는 재밌는 산행을 원한다면 한 번쯤 도드람산에 올라보자.

　도드람산으로 가는 길 옆에는 이름도 긴 불상이 도드람산과 나란하게 서 있다. 이름하여,
　'태평흥국명마애보살좌상'
　이곳에서는 해 질 녘 도드람산을 가장 신비롭게 조망할 수 있기에 가끔 저녁에 불상을 찾기도 한다.
　우리 가족은 이 불상을 울트라맨 불상이라 부른다. 이름이 길어서 부르기도 힘들고, 눈이 튀어나온 모습이 마치 울트라맨을 보는 것 같기 때문이다. 울트라맨 불상은 다른 불상과는 다르게 조성 연대가 정확히 나와 있다. 비록 비와 바람에 의해 희미하게 무뎌져 있지만 불상 뒷면에 연대가 글자로 새겨져 있다.
　"태평흥국명6년 신사 2월13일"

　'태평흥국'이라고 하면 호랑나비가 먼저 떠오르겠지만, 이는 송나라 태종 조광의의 연호다. 그러니 태평흥국명 6년이라 함은 조광의의 재위 6년째인, 고려 경종 6년(981년)이 되는 셈이다. 불상만큼이나 이 기록이 중요한데, 이를 통해 고려 전기의 불상 양식을 가늠할 수 있는 시금석이 되기 때문이다. 이런 연유로 울트라맨 불상은 보물 제982호로 지정됐다. 불상은 화강암 앞면에 얕은 부조로 상을 새겼는데 높이는 3.2m에 이른다. 불상의 크기에 비해 손이 작아서 균형감이 떨어지지만 이는 고려시대 지방 불상의 전형적인 특징이다. 오른쪽 발은 연꽃 위에 얹고 있고, 왼발은 오른쪽 무릎에 걸친 형태를 하고 있다.
　불상 앞에는 누군가 하얀 햅쌀을 갖다 놓았다. 아마 근방에서 농사를 짓는 분이 한 해 농사의 수확을 감사하기 위함인 것 같다. 바람과 비의 풍화작용으로 얼굴의 윤곽이 거의 사라져가지만 튀어나온 눈은 그대로다. 왼쪽 손바닥은 위로 향하게 해서 무릎 위에 자연스럽게 올려놓았고 오른손으로는 연꽃을 잡고 있다.
　1000년도 전에 만들어진 울트라맨 불상. 불상 옆길은 새 도로가 생기면서 점점 퇴락하고 있다. 오랜 세월 동안 길이 사라지고 다시 생겨난 것처럼 불상 앞에 귀한 곡식을 바치며 발원하는 사람들도 바뀌고 또 바뀌었다. 그러나 앞으로도 울트라맨 불상은 도드람산 옆에 서서 오랜 세월 동안 변치 않고 이들을 지켜볼

것이다.

도드람산과 불상을 보고도 허전하다면 오천리의 느티나무 숲을 찾아가보길 권한다. 오천리 느티나무 숲은 오천교회 앞 개울 건너에 있는데 느티나무 아래 넓은 터는 조선시대에 활을 쏘고 무술을 연마하던 사장터가 있던 곳이라고 전한다.

느티나무 숲에는 최소 200~400여 년이 넘는 느티나무 여러 그루가 자라고 있는데, 나무들이 함께 모여 있어서 더욱 고풍스럽다. 안개가 살짝 낀 아침이나 해질 녘에 느티나무 숲 속에 앉으면 경건해지고 숙연해지는 마음을 느낄 수 있을 것이다.

생강나무와 함께 걸을 수 있는 도드람산, 1000년 넘도록 도드람산 앞을 수문장처럼 지키고 있는 울트라맨 불상, 그리고 오천리 느티나무 숲은 이천시 마장면에 있다.

02

당산나무와
함께 걷는
답사여행

06 느티나무 숲에는 궁예의 미륵불이 있었다

두미리 미륵불 | 농업테마공원 | 민주화운동기념공원

오늘 찾아갈 곳은 두미리 미륵뎅이 불상과 불상을 지키는 느티나무 숲이다.

미륵뎅이 불상이 있는 두미리는 이천 시내 쪽에서 죽산과 안성을 지날 때 반드시 거쳐야 하는 곳이다. 두미리의 서쪽은 대덕산이 감싸고 있고 반대쪽에는 마국산이 마주보고 있는데, 죽산으로 넘어가는 길은 두 산 사이의 들판을 따라 이어진다. 결국 대덕산과 마국산은 언덕으로 서로 만나는데 그 언덕이 바로 사실터 고개다. 이 고개를 넘어서면 행정구역 상 안성에 속하게 된다. '사실터'의 원래 이름은 '살터'로 말 그대로 살기에 좋은 터라는 뜻이다. 과거에 다른 곳에서 한바탕 난리가 나도 이곳 살터에서는 난리 비슷한 소리조차 들리지 않았다고 한다. 그러나 현재 사실터의 길에는 아스팔트가 깔렸고, 사실터 고개마저 80년대에 중부고속도로로 인해 허리가 끊겨 조용함과는 거리가 먼 곳이 됐다.

아주 먼 옛날 두미리 일대를 지배하던 산적의 무리가 있었다. 산적들은 근방 사람들을 수탈하며 사실터 길을 지나가는 사람들의 짐을 뺏었다. 오합지졸 관군은 산적들의 상대가 되지 않아 소탕할 엄두도 내지 못했다. 결국 이곳 사람들은 체념한 채 도적들에게 고통을 당하며 살았다. 하기야 관군도 손을 못 대는데 어찌 백성들이 감당할 수 있었을까. 그러던 어느 날 힘센 장수가 이곳 산적의 산채로 군대를 이끌고 왔다. 장수와 그의 병졸은 산적들을 단번에 물리쳐 모조리 없앴다. 그리고 그 장수는 두미리 도적이 들끓던 소굴 바로 아래에 커다란 불상을 세우고 '앞으로는 이 불상이 도적으로부터 마을을 지켜줄 것이다'라 말하고 사실터 고개를 넘어갔다고 한다.

오늘 찾을 곳이 바로 이 장수가 세웠다는 두미리 미륵불과 느티나무 숲이다.

　동네 사람들에게 물어물어 겨우 찾아간 미륵불과 느티나무 숲. 오래된 느티나무가 불당의 네 귀퉁이에 신령처럼 서 있다. 멀리서 볼 때는 거대한 숲 같았는데 가까이 다가서니 몇 그루에 지나지 않는다. 그러나 몇 그루 안 되지만 숲이라고 불러도 어색하지 않다. 미륵불은 느티나무 숲 안에 있는 네모반듯한 시멘트 구조물 위에 옹색하게 자리 잡고 있고, 시멘트가 덕지덕지 발라진 작은 불당 안에 초라하게 서 있다.

　'에게, 이게 전설 속 장수가 세운 거야?'

　불상의 첫인상은 '실망'이다. 두미리에 오는 내내 장수의 전설을 곱씹으며 머릿속으로 거대하고 웅장한 불상의 모습을 상상했기 때문이다. 거대한 느티나무 숲의 위용에 주눅 들어 움츠려 있는 불상은 키 작은 초등학생보다 더 작은데, 그마저 머리 부분은 몸통과 색깔도 다르고 목 부분은 훼손돼 시멘트로 보수한 흔적까지 있다.

　"아빠! 도적은커녕 옆 동네 강아지도 막지 못할 것 같은데?"

　정말 아들 말대로 장수의 불상은 초라한 모습으로 서 있다. 힘센 장수의 거대한 불상이 어쩌다 이 모양이 됐을까.

느티나무 숲 속 미륵불

　아버지의 소개로 미륵불의 내력에 대해 잘 아는 두미1리 이장님을 만났다. 이장님 가문은 미륵불에 관련해 여러 추억을 갖고 있다고 한다.

　"이장님. 진짜 마을에 산적이 있었나요?"

　"아, 그럼요. 지금은 골프장이 들어와 없어졌지만 미륵당 위쪽에 도적굴이 있었지요."

　이장님 말씀에 의하면 도적굴 터에서는 묘한 기운이 흘러서 동네 사람들도 함부로 가지 못했었다고 한다. 90년대만 해도 그곳에 작은 회사가 있었는데 이상한 기운 때문에 숙직도 하지 못하고 도망가는 직원들까지 있었단다.

　"사실 불상은 세 등분돼서 버려졌는데 저희 할아버지께서 시멘트로 보수를 하신 겁니다."

목에 수리 흔적이 있다고 하니 이장님께서 할아버지 이야기를 이어 간다. 이장님의 할아버지가 젊었을 때 불상은 세 등분으로 조각나 있을 정도로 훼손이 심했다고 한다. 동네 아이들이 새끼줄에 불상의 머리를 묶어 온 동네를 끌고 다녔는데, 보다 못한 할아버지가 더러워진 불상을 깨끗하게 청소하고 시멘트로 붙여 놓았단다. 그런데 수리가 끝난 날 기이한 일이 벌어졌다. 할아버지가 병에 걸려 몸도 까딱하지 못할 정도로 눕게 된 것이다. 어떤 약도 들지 않았는데 근방의 용하다는 무당의 얘기로는 불상에 손을 댔기 때문에 벌을 받아 병에 걸렸다는 것이었다. 할아버지 가족이 급하게 음식을 만들어 불상 앞에 제를 올리니 할아버지는 거짓말처럼 다 나았다. 그 일 이후 이장님 댁은 1년에 한 번이라도 간단하게나마 미륵불을 위해 제를 올리고 있다고 한다.

"그런데 이장님, 산적을 물리친 장수는 누구였을까요?"

지나가듯이 재미로 던진 내 질문에 이장님은 한참을 뜸을 들이다 겨우 입을 뗀다. 굉장히 진지한 표정이다.

"글쎄요, 제 생각에는… 궁예가 아닐까 합니다. 여기 사람들은 다들 그렇게 알고 있습니다."

"왕건이랑 견훤 시절의 그 궁예요?

생각지도 못한 사람의 이름이 나와 당황스럽지만 이장님의 의견은 이랬다. 죽산 인근의 칠장사에는 궁예가 있었고, 죽산과 가까운 이 근방에는 미륵불이 아주 많은데 궁예의 영향을 받지 않았겠냐는 것이다.

처음에는 웃어넘기려 했지만 궁예의 족적과 삶을 생각할수록 그럴 수도 있겠다는 생각이 든다. 왜냐하면 궁예는 죽산의 토호세력이던 기훤의 휘하에 있었는데, 이후 기훤을 배신하고 원주의 양길에게 몸을 의탁했기 때문이다. 기훤의 근거지였던 죽산은 이곳에서 사실터 고개만 넘어가면 금방 닿는다. 또 궁예가 양길을 찾아 원주로 떠났다면 이곳 사실터를 넘어 지나갔을 공산이 크다. 게다가 궁예는 백성을 구원하는 미륵불을 자처했기에 백성을 괴롭히는 산적을 못 본 척 지나치지 않았을 것이며, 백성들을 위해 자신을 상징하는 미륵불을 세웠을 수도 있겠다 싶다.

만약 산적을 물리친 장수가 궁예였다면 두미리 미륵불상은 1000년도 넘은 것이다. 긴 시간 동안 풍화되고, 조선시대 유교에 버림받고, 아이들에게 오랜 세월 동강난 채로 끌려다니고, 다시 정으로 쪼아 형태가 만들어지면서 거대했던 몸이 지금 같은 크기로 줄어들지 않았을까 싶다. 왠지 초라해진 작은 불상이 이해가 가고 안쓰러워지기까지 한다. 이렇게 생각하고 느티나무 숲에 둘러싸여 무심한 듯 서 있는 불상을 보니 경지를 초월한 덤덤한 노스님을 보는 듯하다.

전설을 품고 있는 미륵불, 그리고 불상을 지키고 있는 여섯 그루의 웅장한 느티나무 숲, 이들을 떠나며 다시 돌아보니 처음에 느꼈던 측은한 마음보다 다음에 다시 오고 싶다는 그리운 마음이 앞선다.

궁예의 미륵불 인근에는 풍요를 상징하는 농업테마공원과 부조리와 비이성에 반발하다 희생된 분들을 기리는 이천민주화기념공원이 있다. 모두 비교적 근래에 마련된 이 지역의 명소들이다.

농촌테마공원은 약용식물원과 아이들 물놀이장, 체험장, 전시관, 쌀먹거리촌, 식품문화관 등이 잘 정비돼 있다. 공원 한쪽에는 농업테마공원답게 다랭이논을 만들어 놓아 1년 농사의 모습을 생생하게 지켜볼 수 있다. 논의 한쪽에는 새를 쫓는 새막도 있다. 새막과 원두막은 비슷하지만 많이 다르다. 생긴 모습은 비슷하지만 원두막은 밭에 세우고 새막은 논에 세운다. 다른 점이 또 있다. 새막에서는 새로부터 곡식을 지키는 일을 하고 원두막에서는 주로 서리를 하는 아이들로부터 곡식을 지키는 일을 한다.

쌀로 유명한 이천의 시골에서 자랐단 이유로 어릴 때 새를 많이 봤다. '새를 본다'는 말은 '감상'의 의미와는 거리가 멀다. 새가 나락을 먹지 않도록 하는 '감시'의 의미다. 참새가 곡식을 먹어봐야 얼마나 먹겠냐고 생

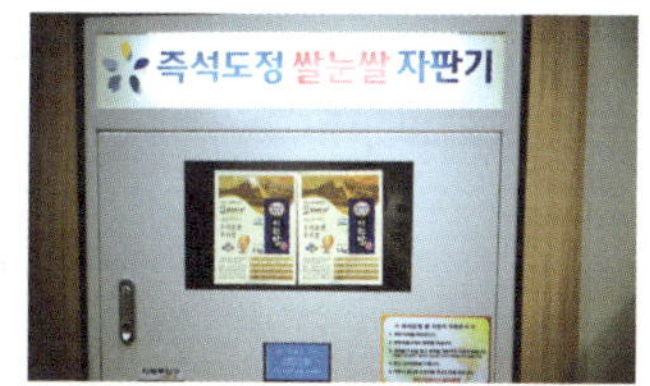

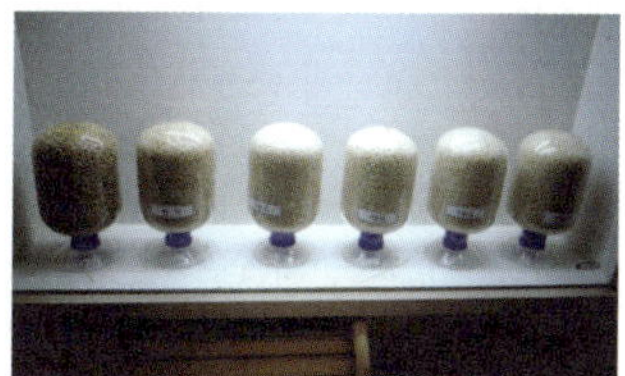

각하겠지만, 벼가 익을 무렵 들녘에 수백 마리의 참새가 30분에 한 번씩만 앉았다가 가도 하루에 한 가마는 없어진다. 봄부터 못자리 만들고 모내기하고 잡초를 뽑으며 만든 부모님의 귀한 낟알을 참새들에게 그냥 내줄 수는 없는 일이었다. 나뿐만 아니라 또래 아이들은 쉬는 날이면 공부 거리를 들고 새막으로 향했다. 우리들은 할머님께서 챙겨 주신 간식도 먹고 숙제도 하면서 새막에서 시간을 보냈다. 그렇게 약간은 지루한 시간을 보내고 집에 돌아오면 부모님께 칭찬을 들어 좋았다. 하지만 그보다 집안 구성원으로서 뭔가 도움이 됐다는 뿌듯함이 앞섰던 기억이 있다.

새막이 있는 농업테마공원은 시골에 살았던 사람들에게는 추억을, 도시 아이들에게는 농경문화에 대한 배움과 옛 시골의 향기를 선물한다.

축구장 30개 넓이의 농업테마공원에는 체험하거나 구경할 공간도 많다. 가장 눈에 띄는 것은 쌀문화전시관이다. 한옥 형태로 지어진 전시관에서는 이천쌀과 농업의 역사를 한눈에 배울 수 있다. 이천쌀이 유명해진 계기는 이천자채쌀이 조선왕실의 수랏상에 오르면서부터다. 자채쌀은 이천 고유의 재래종으로 맛과 품질이 뛰어났지만, 생산량이 적고 병충해에 약하다는 단점 때문에 일제강점기와 60년대를 거치면서 '아끼바리'나 '통일벼' 같은 신품종으로 대체됐다. 그러나 이천쌀은 여전히 뛰어난 밥맛으로 사람들의 사랑을 받고 있다. 그 이유는 기후와 지형에 있다고 생각한다. 이천은 분지지형으로 일교차와 연교차가 크다. 게다가 여름에는 유독 덥고 습해서 좋은 쌀이 나오기에 알맞은 조건이 충족된다. 또한 마그네슘이 풍부한 흙의 성분도 좋은 밥맛에 한몫한다.

무엇보다 전시관 안에서 나와 아이의 눈을 끄는 건 '즉석 이천쌀 도정자판기'다. 신선한 벼 낟알을 즉석에서 도정해 구입할 수 있는 자판기다. 현미부터 11분도까지 선택의 폭도 다양한데, 분도란 낟알의 겉껍질을 벗긴 정도를 나타내는 단위다. 현미는 겉껍질을 살짝 벗겨내기 때문에 영양이 충만하지만 오래 씹지 않으면 소화가 어렵다. 11분도의 백미는 껍질 대부분을 벗겨 이천쌀밥 특유의 달달한 밥맛이 일품이지만 영양소가 편중돼 있다. 현미식을 하고 싶다면 중간 정도 벗겨낸 5분도와 7분도를 선택해서 시작하는 것이 어떨까 싶다. 테마공원에 도정자판기를 설치한 건 정말 잘한 일인 것 같다. 방문객은 신선한 이천쌀로 밥을 지어 먹을 수 있고, 이천시는 이천의 자랑거리를 널리 홍보할 수 있으니 말이다.

농촌체험 후 물놀이장에서 아이들이 신나게 놀 수 있는 곳, 새막과 원두막이 있어서 옛 시골의 정감을 느낄 수 있는 곳, 소나기라도 갑자기 내린다면 소설 속 소년소녀가 원두막으로 달려와 비를 그을 것만 같은 이곳은 이천 농업테마공원이다.

농업테마공원 바로 아래에는 민주화운동기념공원이 들어서 있다. 이곳은 이천시가 정부로부터 500억 가까운 예산을 지원받아 세운 곳으로 민주화를 위해 싸우다 희생된 분들을 기리는 곳이다. 이곳은 험난했던 우리나리 근현대사를 배울 수 있는 기념관과 체험관 등으로 구성돼 있다.

공원 한쪽에는 민주화운동 중에 희생된 분들의 묘소도 마련돼 있다. 절대 잊지 않고 기억해야 할 사람들이다.

"아빠. 비석이 쓰러져 있네? 우리가 세울까?"

아들과 함께 공원에 방문하니 아들 말대로 민주열사의 비석 하나가 비바람에 쓰려져 있다. 마음이 아프다. 과거, 부당하고 권위적인 공권력에 쓰러져 갔던 사람들의 모습을 보는 것 같다. 아들과 함께 깨끗하게 닦아주고 세우려고 보니 몸이 굳는다. 비석의 주인공은 바로 강.경.대!

강경대의 죽음은 당시 사회에 큰 충격을 줬다. 강경대는 명지대 91학번 신입생으로 1991년 4월, 대학의 등록금 인상 반대와 군사정권반대 집회에 참석한 뒤 공

권력의 폭력에 희생됐다. 나와 비슷한 또래의 강경대. 그가 만약 그때 정의로운 마음을 죽이고 비겁하게 도서관에서 공부하며 사회문제에 눈감고 있었다면 어떻게 됐을까? 아마도 그는 내 아들 태랑이와 비슷한 나이의 아이를 낳고 행복하게 잘 살고 있었겠지.

자식을 먼저 보낸 세상 모든 부모의 마음을 떠올려본다. 민주주의를 위해 싸우다 자식을 보내고, 세월호 사태로 아이들을 먼저 보낸 부모님들…. 자식을 가슴에 묻은 뒤로 그들의 삶과 시간은 흐르지 않는다. 그들은 꽃피는 봄도, 시원한 여름 소나기도, 한가위의 넉넉한 마음도 느끼지 못한다. 강경대의 부모는 아직도 경대와 함께 91년의 봄에 머물러 있다.

주말에 모가면에 들러보길 권한다. 미륵불 숲에 앉아 궁예의 미륵불 전설을 이야기하고, 농촌테마공원에서 아이들과 농촌 체험도 하면 아이들 스스로 시골과 전설에 대해 더욱 친근함을 느낄 수 있을 것이다. 또한 민주화운동기념공원에서 민주주의의 힘난했던 역사를 만나며 그들에게 진 빚을 확인시켜준다면 아이들에게는 현재를 더욱 소중하게 생각하며 역사를 바로 알 수 있는 기회가 될 것이다.

이곳은 이천 모가면의 어농리와 두미리 일대다.

07 학자나무와 함께 걷는 효양산 전설 산책

마암리 회화나무 | 효양산

나는 아침밥을 한다. 10년 정도 됐다. 내가 밥을 준비할 때 아내와 아들은 신문을 함께 보기도 하고 대화를 나누기도 한다. 나는 그 시간이 좋다. 아이가 정말 행복해 한다. 아이가 아침을 행복하게 시작하면 행복한 하루를 보낼 거라 믿는다. 그렇게 행복한 하루가 모이면 한 달, 일 년이 행복할 것이다. 그리고 그 넘치는 행복을 아이의 아이에게 전해주겠지.

식사가 끝난 뒤, 아이를 학교에 보내고 설거지를 시작하는데 그 시간 역시 즐겁다. 설거지하는 아파트 창문 너머로 효양산과 원적산, 멀리는 추읍산과 용문산까지 한눈에 보이기 때문이다. 안개가 낀 날에는 효양산 꼭대기만 살짝 보여 더욱 환상적이다.

효양산은 해발 200m에도 미치지 못하는 작은 동산이지만 등산의 재미가 있는 산이다. 오르기도 어렵지 않고 정상 부근에 넓은 공터가 있어서 아이와 캐치볼하면서 놀기에도 좋다. 게다가 정상의 정자에서 바라보는 이천 시내와 구만리 들판, 그리고 설봉산의 정경도 눈을 시원하게 한다.

효양산은 볼거리만 있는 산이 아니다. 이야기도 풍성하다. 분명 작은 산이지만 산에 담긴 이야기만큼은 어디에도 빠지지 않을 만큼 묵직하다. 효양산에 관련된 여러 이야기 중에 가장 유명한 이야기는 황금송아지 전설이다.

옛날 당나라 황제가 아침에 일어나 세수를 하려고 세숫대야 속을 들여다보니 물속에서 금송아지의 형상이 비치는 것이었다. 괴이하게 생각한 황제는 일관을 불렀다.

"내가 아침에 세숫대야에서 금송아지를 보았는데 이 금송아지가 있는 곳이 어딘지 알아 오라!"

일관은 유명한 점쟁이로부터 '조선 땅 남천군 동쪽으로 5리를 가면 효양산이라는 곳이 있는데 그곳에 금송아지가 있다'는 이야기를 듣게 되는데, 점쟁이는 금송아지를 가진 자가 천하를 호령할 수 있다는 말도 덧붙였다. 이에 금송아지가 탐이 난 황제는 신하를 신라로 보낸다. 이러한 당 황제의 욕심을 미리 알고 있던 자가 있었으니, 그가 바로 효양산 산신령이다. 황제가 보낸 신하는 당항성에서 수원을 지나 용인에 들어설 무렵 백발에 짤막한 쇠 지팡이를 지닌 노인을 만났다. 그는 노인에게 효양산 가는 길을 물었다.

"네, 알다마다요. 제가 거기서 오는 길입니다."

"거기로 가려면 얼마나 가야 하오?"

"이 길을 따라 쭈욱 가면 오천리가 나오는데, 오천리를 지나면 다시 억만리가 나올 겁니다. 억만리를 지나서 가다보면 억억다리가 나오고, 억억다리를 지나고 다시 이천장을 지나면 구만리 뜰이 나옵니다. 그렇게 다시 구만리 뜰을 지나 복하천을 건너면 효양산이 나옵니다."

“아… 아니, 효양산이 그렇게 멀단 말이오?”

“저도 효양산에 살다가 일곱 살에 어머니를 찾아 당나라로 가는 길이온데 길었던 쇠 지팡이가 이렇게 닳은 걸 보니 중국에 거의 다 온 것 같습니다 그려.”

노인장의 말을 듣던 신하는 심각하게 고민하게 됐다. 그냥 돌아가자니 황제에게 죽임을 당할 것 같고, 효양산으로 향하자니 처자식을 다시는 못 볼 것 같았기 때문이다. 고민하던 그는 가족이라도 보고 죽자며 그 길로 다시 당나라로 향했다고 한다.

당나라 황제의 신하와 노인이 헤어진 곳은 예전에는 작별리라고 불렸는데 지금은 작촌리로 바뀌었고, 억만리는 현재 마장면 회억리로 바뀌었다. 오천리는 여전히 마장면의 면소재지로 남아 있고, 이천의 장터는 끝자리가 2일과 7일로 끝나는 날마다 열리고 있다. 억억다리는 이천 시내에 있던 다리인데 지금은 없어졌다고 한다. 구만리 뜰은 이천 시내와 효양산 사이의 들판으로 아직도 구만리 뜰로 불린다. 이 이야기가 흥미 위주의 전설이라고 생각하면 오산이다. 아직도 이렇게 전설에 등장하는 곳들이 남아 있고, 결정적으로 효양산에는 여전히 금광굴이 있다. 지금은 폐광이 되어 사람들의 출입을 막고 있지만, 아직도 그 금광굴 안에는 금송아지가 들어 있다고 전한다.

“아빠. 우리 금속 탐지기를 구입해서 근방을 뒤져볼까?”

아들과 함께 효양산에 오를 때마다 금송아지와 금광굴에 대한 미련이 남아 금송아지를 찾아볼까 진지하게 생각한 적이 여러 번 있었다. 아들이 폐광이 되어 위험한 금광굴에 들어가려는 것을 몇 번이나 말리기도 했다.

만약 당나라의 사신이 용인을 거쳐 효양산까지 왔다면 효양산 서쪽의 마암리를 통해서 왔을 것이다. 이곳 효양산 기슭의 마암리에는 귀하다는, 나이 많은 회화나무 한 그루가 서 있다. 300년은 족히 넘었을 오래된 나무는 눈부신 꽃과 꽃보다 더 푸른 잎을 아무렇지 않게 늘어뜨리고 서 있다.

회화나무의 꽃을 괴화(槐花)라고 한다. 중국에서는 회화나무를 괴(槐)라고 하는데, '괴'의 발음이 우리 '회'와 같기 때문에 괴화나무가 아니라 회화나무라고 부르게 된 것이라 한다.

예전에는 중국에 다녀온 양반들이 자신들의 위세를 과시하기 위해 회화나무를 집 앞에 심었다고 하는데, 아마 명품가방 같은 허세의 수단이었나 보다.

재밌는 점은 예로부터 중국에서는 회화나무가 학자를 키워낸다고 해서 '학자수(學者樹)'라 불렸는데, 서양에서도 역시 회화나무를 학자나무, 즉 '스콜라 트리(schola tree)'라고 부른다는 것이다. '엄마'나 '마마'처럼 웅얼거리던 소리가 단어로 정착한 예는 세계 어디에나 비슷하게 나타난다. 그런데 동양과 서양에서 회화나무를 모두 학자 나무라 부른다니 놀라운 일이 아닐 수 없다.

왜 사람들은 회화나무를 학자나무, 출세나무라고 생각했을까? 나는 열매 때문이라고 생각한다. 회화나무의 열매는 매우 특이하다. 볼록볼록하고 길쭉한 열매의 모양이 과거에 장원급제하면 쓸 수 있는 어사모의 어사화와 비슷하게 생겼기 때문에 그런 속설이 시작된 게 아닐까 싶다. 이천시립도서관 입구에도 회화나무 두 그루가 심어져 있는데, 취업과 시험 합격을 염원하는 도서관 측의 세심한 배려라고 생각한다.

"지적도 상으로 저희 땅이니 저희 나무가 맞을 겁니다."

마암리 회화나무를 관리하시는 분은 마침 이곳 이장님이라고 한다.

"이장님, 꽃이 예쁘네요. 외지 사람들이 꽃을 보러 오지 않나요?"

"예전에는 벌 키우는 분들이 씨를 받아가기도 하고, 회화나무 기운을 받으면 학자가 나온다고 사람들이 찾기도 했는데 요즘은 거의 안 와요."

"아, 맞다. 치질이 있으신 분들이 한동안 오셔서 나뭇잎을 많이 갖고 가셨어요. 이 나뭇잎을 태워 훈증을 하면 좋다고들 하셨어요."

옆에 계시던 이장님 안주인 분이 거든다.

"그럼 회화나무는 이제 학문에 힘쓰는 사람들을 위한 나무가 아니라 항문에 힘쓰는 사람들을 위한 나무가 됐네요~"

실없는 우스갯소리에 다들 한바탕 웃어넘긴다.

마암리 회화나무는 나이가 얼마나 됐을까? 정확한 연대를 알 수 없을 때는 비슷한 크기의 나무와 비교해보면 쉽게 알 수 있다. 오십천이 휘돌아 나가는 삼척의 죽서루에도 근사한 회화나무 여러 그루가 자라고 있는데 마암리 회화나무의 크기와 이곳 나무 크기가 비슷하다. 죽서루 회화나무가 350년 됐다고 하니 이곳도 비슷하지 않을까 싶다.

효양산 정상 인근에는 큼직한 연꽃 연못과 무덤이 있다. 연못은 등산로에서 약간 비껴 있어서 근방 사람들도 그곳에 연못이 있다는 것을 잘 모른다. 여름날 정상 부근의 산속에서 활짝 핀 연꽃은 묘한 신비감을 느끼게 한다. 연못에는 오랜 내력이 있다.

서신일이라는 사람은 신라 말 아간벼슬을 지냈다. 그는 신라가 기울어가자 고향인 이곳 효양산 인근으로 낙향했다. 그는 효양산 기슭에서 후진을 양성하고 농사를 지으며 살았는데 느지막한 나이에도 자식이 없었다고 한다. 하루는 서신일이 밭에서 일을 하고 있는데 난데없이 사슴 한 마리가 화살이 등에 박힌 채로 그에게 뛰어왔다. 그는 재빨리 풀숲 속에 사슴을 숨겼고 뒤따라온 사냥꾼에게는 다른 곳을 일러줬다. 사냥꾼이 돌아가자 서신일은 사슴을 정성껏 치료한 뒤 풀어줬고, 사슴은 몇 번이나 고개를 조아리며 인사를 하고 산을 향해 갔다. 그날 밤이었다. 서신일의 꿈속에서 도인이 나타나 신일에게 이렇게 말하는 것이었다.

"나는 효양산 신령인데 아까 그대가 구해준 사슴은 내 아들이오. 그대로 인해 내 아들의 목숨을 구했으니 보답을 해야겠소. 그대는 이제 곧 바라던 아들을 얻을 것이오."

"팔십이 넘은 내가 아들을 얻는다고?"

서신일은 산신령의 예언을 믿을 수 없었다. 그러나 그 후 부인의 몸에서 태기가 있더니 정말 아들을 낳게 됐다. 한참의 시간이 흘러 서신일이 죽고 장삿날이 됐다. 갑자기 서신일의 집에 커다란 사슴이 들어오더니 서신일의 시신을 향해 머리를 조아리며 절을 했다. 그리고 사슴은 상주인 장남의 옷섶을 잡아끌기 시작했다. 사슴은 효양산 중턱에 멈추더니 발로 땅을 가리켰다. 이에 서신일의 아들은 사슴이 이끈 자리를 서신일의 묫자리로 썼고, 이후 묘지 앞에 후손들이 연못을 만들었다. 이곳 연못은 여름이면 연꽃이 아름답게 핀다.

서신일의 아들은 장성해서 광종의 충신이 됐다. 서신일의 손자는 거란과의 외교담판으로 유명한 서희다.

서희는 거란의 침략 때 공을 세운 인물이다. 993년 고려 성종 시절 거란이 고려를 침략했을 때의 일이다. 장수 소손녕은 거란의 많은 군사를 이끌고 자신들이 고구려의 후계자라 칭하며 고려를 넘보기 시작했다. 거란의 위세에 눌린 고려 조정의 중신들은 항복하자는 의견과 평양 이북의 땅을 거란에 떼어주고 화친을 맺자는 의견으로 갈렸다. 그러나 서희는 거란의 군대가 빨리 본국으로 돌아가야 한다는 것을 알고 있었다.

　"우리 고려는 고구려의 후예다. 그래서 나라 이름을 고려로 부르고 평양을 우리의 국도로 삼았다. 오히려 당신네 거란의 동경이 우리 영토 안에 들어와야 하는데 어찌 거꾸로 우리가 침범했다고 하는가. 압록강 안팎도 우리의 땅인데 지금 여진이 막고 있어서 왕래가 곤란하다. 여진을 내쫓고 우리 옛 땅을 회복하면 어찌 국교가 통하지 않겠는가."

　서희는 고려의 땅을 넘보는 거란의 장수를 반박할 수 없는 논리로 제압하고 거란을 돌려보냈다. 이듬해 서희는 직접 군사를 이끌고 압록강 동쪽에서 여진을 몰아내고 여섯 개의 땅을 차지했다.

　사람들은 서희의 활약을 효양산 신령의 도움 때문이라고 말한다. 할아버지인 서신일이 산신령의 아들을 도왔기 때문에 후손들이 축복을 받을 수 있었다는 것이다. 정말 그랬다면 서신일은 산신령의 사슴을 살렸고, 효양산의 사슴은 고려를 살렸다고 할 수 있다.

08 백성의 영웅, 노스님과 함께 걷는 노성산

노성산 | 와우목장

나는 일본어를 배운다. 일본 여행할 때 도움이 될까 싶어서 오래전에 배우기 시작했는데, 게으름 때문에 아직도 끝을 보지 못하고 있다. 동네 문화센터에서 여선생님께 일본어를 배울 때의 일이다. 선생님은 전에 배운 내용을 응용해서 자주 질문을 하셨다.

"도노 야마가 이찌방 스키데스까?(어느 산을 가장 좋아하나요?)"

함께 배우는 사람들은 지리산, 설악산, 한라산 같은 스케일 큰 산들을 이야기했다. 잠깐이지만 나도 곰곰이 생각해봤다. 정말 내가 좋아하는 산은 어느 산일까?

"와타시와 '노성산'가 이찌방 스키데스!"

생각 끝에 자랑스럽게 말했지만 강의실 분위기는 내 생각과 달랐다. 내 입에서도 거창한 산 이름이 나올 거라고 생각했나 보다. 왜들 그렇게 웃는지. 그렇다고 민망하진 않았다. 내 진심을 얘기했으니 말이다.

난 정말 노성산을 좋아한다. 등산의 대상으로서 노성산은 거의 모든 것을 갖추고 있다. 가족과 함께 등반하기에 적합하고, 적당한 경사와 아기자기한 등산로가 일품이라고 생각한다. 둘로 나눠지는 등산로 역시 재밌다. 한쪽은 완만하게 오르면서 풍경을 감상할 수 있고, 다른 쪽 등산로는 전해져 오는 노스님의 전설과 말머리바위 전설이 재밌어서 오르는 동안 심심하지 않다. 등산로에서는 실제 노스님이 살았던 굴도 볼 수 있다. 깎아질 듯한 절벽과 희귀식물의 군락도 있고 약간의 암벽등반도 가능해서 아이들도 참 좋아하는 곳이다. 어느 산에서 이런 모든 것을 경험할 수 있을까?

노성산 등산로를 따라 조금만 오르면 쉼터 바위가 나오고, 말머리 바위의 전설

을 뒷받침해주는 말안장 바위가 나온다. 말안장 바위를 지나 언덕을 넘어가면 정상으로 오르는 두 갈래 길이 나오는데, 직진하면 쉽게 오를 수 있고 오른쪽으로 가면 힘들지만 아기자기하게 오를 수 있다. 선택은 등산객의 몫이다. 노성산에 오를 때는 아이의 성화로 매번 오른쪽으로 향한다.

오른쪽 등산로를 따라 언덕을 하나 오르면 노성산이라는 이름을 갖게 된 내력을 알 수 있는 바위가 하나 나온다. 노성산은 '노스님이 살았던 산'이라는 뜻에서 붙여진 이름이다. 노성산에는 노스님과 관련된 안타까운 전설이 있다.

옛날 이 산에는 노스님이 살고 있었다. 스님은 노성산 어느 바위 아래서 지내면서 불법을 닦으며 주변 지역에서 탁발하며 살았다. 한번은 노성산 동쪽, 즉 이천 설성면 쪽에 심각한 기근이 닥쳐서 사람들이 굶어 죽었다. 이에 스님은 노성산 서쪽인 안성 쪽으로 매일 탁발을 해서 그 음식으로 동쪽 사람들을 먹여 살렸다. 그렇게 동쪽 사람들은 기근의 위기를 잘 넘겼다. 그러던 겨울 어느 날, 노성산에 엄청난 한파가 몰아치고 폭설이 내렸다. 동네 사람들은 바위 아래에서 사는 스님이 걱정됐으나 올라갈 엄두도 내지 못했다. 사람들은 날이 풀리자마자 스님을 찾아 나섰지만 스님은 걷던 모습 그대로 입적하고 말았다. 그때부터 인근 사람들은 노스님을 기리는 뜻에서 '노스님 산'이라는 의미의 '노승산'이라고 부르기 시작했다.

노스님의 바위를 지나면 병풍바위의 절벽을 감상할 수 있다. 절벽 아래 인근에는 '고란초' 자생지가 분포한다. 고란초는 양치식물 고사리목 고란초과의 상록 여러해살이 풀이다. 고란초는 환경부에서 멸종위기식물로 지정해 보호하고 있는데 이곳 노성산에서 자생하고 있다. 고란초 구경이 끝나면 철제 계단이라는 난 코스가 기다린다. 높고 가파른 철제 계단을 오르면 암벽 등산로가 나온다. 암벽이라고 해야 경사가 완만한 바윗길 같은 곳이지만 아이들이 가장 좋아하는 곳이다. 밧줄을 잡고 암벽 등반하는 재미를 느낄 수 있기 때문이다.

암벽을 오르면 이천9경 중 풍광이 가장 재밌는 노성산 말머리 바위도 볼 수 있다.

"뭐야! 말머리가 아니라 개머리잖아!"

아들이 말머리 바위를 처음 본 뒤 내뱉은 말이다. 바위의 실제 머리 부분만 보면 강아지의 머리 같긴 하다. 그런데 목의 아래쪽부터 보면 말의 형체와 가깝지 않나 싶다. 말머리 바위에도 역시 옛 이야기가 담겨 있다.

 아주 먼 옛날 이 근방 노성산, 마국산, 설성산에 힘센 장수 셋이 각각 산에 군대를 주둔시키고 있었다. 마국산은 노성산의 북서쪽에 있고, 설성산은 동쪽에 위치해 있다. 그런데 어느 날 이 근방에 용맹한 말 한 마리가 나타났다. 세 산의 장수들이 서로 말을 차지하려고 다툼을 벌였는데 이기는 사람 순으로 말의 머리와 몸통, 그리고 꼬리를 나눠 갖기로 했다. 싸움 결과 노성산 장수가 말의 머리를, 마국산 장수는 몸통을, 설성산 장수는 꼬리를 갖게 됐다. 노성산 중턱의 말머리 바위가 바로 노성산 장수가 가져온 말의 머리라고 한다.

 노성산 말머리 바위는 재밌는 형상과 함께 그럴 듯한 전설을 갖고 있어서 지친 등산객에게 재미를 준다. 그래서 말머리 바위는 이천의 아홉 가지 경치 중에 여덟 번째로 당당하게 이름을 올리고 있다.

 수많은 볼거리 중에서도 노성산의 가장 큰 매력은 정상에서의 풍광이다. 이천과 안성, 여주의 들녘이 한눈에 들어오는 정상에서의 경치는 가슴을 트이게 한다. 양평 추읍산의 정상에 오르면 근방 일곱 개의 읍이 한눈에 들어와서 원래 칠읍산이라고 불렸는데, 노성산은 그만큼은 안 돼도 '오읍산' 정도로는 불릴 만하다.

　노성산의 정상에서는 계절마다 바뀌는 이천 들녘의 모습과 가까운 성호호수, 멀리 충청도와 강원도 산의 전망으로 사계절 언제 와도 시원한 풍광을 볼 수 있다. 끝없이 펼쳐진 만주벌판을 처음 만난 연암 박지원은 형용할 수 없는 감동을 '울음 한 번 울 만한 자리'라 말했는데, 먹고 살기에 바쁜 직장인에게 노성산 정상 역시 '울음터'로 불릴 만하지 않을까?

　아이와 함께 다양한 볼거리를 즐기며 이야기 나눌 수 있는 풍경 좋은 산을 찾는다면 노성산이 어떨까 싶다. 노성산은 모든 것을 갖고 있는 산이기 때문이다.

　역시 다시 생각해봐도 나는 노성산을 가장 좋아하는 것 같다.

　"얏빠리, 와타시와 노성산가 이찌방 스키데스!"

40년 노력으로 일군 최고의 체험 목장, 와우목장

　노성산 자락의 장능리에는 근방에서 유명한 당산나무가 있다. 노성산 노스님 이야기만큼이나 오랜 느티나무인데 장릉리에 전주이씨가 들어오면서 심은 나무라고 한다. 이곳 동네 사람들이 아끼는 장릉리 느티나무도 유명하지만 더 유명한

노성산 | 와우목장

곳이 있다. 그곳은 바로 노성산 와우목장! 와우목장을 처음 알게 된 건 몇 년 전이었다. 가족과 노성산에 오르려고 좁은 들길로 차를 몰고 가는데 난데없이 젖소 모양의 자동차가 우리 앞을 떡하고 막아선 적이 있었다. 젖소 자동차 안에는 농장체험을 하러 온 도시 아이들이 타고 있었다.

목장을 방문하는 아이들은 젖소 자동차를 타고 와우목장을 한 바퀴 돌게 되는데 아이들이 가장 좋아하는 프로그램이라고 한다. 봄이면 푸른 보리밭 사이를 지나고, 여름에는 노성산의 신록 사이를, 가을에는 노성산의 단풍을 구경하며 달릴 수 있다.

목장에는 아름다운 나무들이 많이 자란다. 조경 수준이 보통이 아니다. 꽃과 나무는 높이까지 고려해서 배치돼 있다.

일흔이 넘은 농장 창업주는 대학에서 조경을 전공하고 목장을 시작했는데 지금은 자식들과 함께 이곳을 운영하고 있다고 한다. 와우목장은 다른 목장에 비해 소똥 냄새도 훨씬 덜 나고 바닥도 보송보송하다. 천장을 개폐식으로 만들어 환기에 신경을 썼다. 면적당 젖소들의 숫자도 적은 편이다. 한 반에 60명씩 공부하는 콩나물 교실이 아니라, 마음껏 뛰어놀 수 있는 행복한 교실이다.

"이제는 동물 복지를 생각해야 할 때입니다."

다른 목장보다 젖소가 건강해 보인다고 말하자 창업주는 다소 충격적인 이야기를 한다. 인간들은 작은 복지 문제에도 이념까지 들이밀며 다투는데, 이곳의 목장주는 동물의 복지를 이야기한다.

"젖소들이 행복해야 행복한 우유가 나오고 그 우유를 먹는 아이들도 행복해질 수 있다고 생각해요."

이런 걸 점입가경이라고 하나 보다. 동물의 복지와 행복을 말하는 위철연 창업주는 1970년대 화성시 봉담읍 와우리에서 와우농장이라는 이름으로 처음 농장을 시작해 1979년에 이곳 노성산 기슭으로 옮겨왔다고 한다. 노성산의 깨끗한 자연과 목장주의 철학이 담긴 와우목장의 우유는 현재 유명한 회사에 저온살균 우유로 납품된다고 한다.

노스님의 전설과 기암괴석, 탁 트인 풍경, 그리고 최고의 목장체험을 만날 수 있는 이곳은 설성면의 노성산이다.

도리리 은행나무 | 도니울 둘레길 · 체험마을 | 기독교역사박물관

강화도 서쪽의 작은 섬인 볼음도에는 사연 깊은 은행나무가 있다. 볼음도 은행나무는 원래 북한에서 살던 나무였는데 오래전 홍수가 나서 나무 채로 떠내려와 볼음도까지 오게 됐다고 한다. 마을 주민들은 죽어가는 은행나무를 바다에서 건져 볼음도 언덕에 옮겨 심었고, 현재는 엄청난 수세를 자랑하며 건강하게 자라고 있다. 그런데 이 나무는 볼음도로 내려오기 전에 북한의 은행나무와 혼인을 한 상태였다고 한다. 6.25전쟁은 민족을 둘로 갈라놓았고, 홍수는 나무 부부 사이를 갈라놓은 것이다. 볼음도 은행나무는 가끔 북한에 두고 온 나무가 그리워 흐느껴 운다고 한다.

이천에도 볼음도 나무처럼 울음을 우는 은행나무가 있다. 오늘 찾아갈 곳은 바로 도리리의 울음을 우는 은행나무다.

도리리는 이천 시내 쪽에서 3번 국도를 타고 가다 하이닉스를 지나 오른쪽으로 들어서면 나오는데, 큰길에서 언덕을 넘어 한참 들어가야 도리리에 들어설 수 있다. 울음 우는 은행나무는 도리리 마을회관에서 동네 한복판을 지나 조금 더 들어가면 나온다. 좁은 농로에서 농기계라도 만난다면 쉽지 않은 답사길이 될 수 있으니 동네 마을회관 앞에 차를 세우고 찾아가는 것이 편하다. 도리리 은행나무는 멀리서 봐도 '아, 저 나무구나!'하고 느낄 정도로 크기가 엄청나다. 표지판에는 300년이라고 표기돼 있는데 다른 나무들과 비교해보면 적어도 500년은 넘지 않았을까 싶다.

가을에 도리리 은행나무를 찾았을 때는 어마어마한 양의 노란 은행을 냄새와 함께 쏟아내고 있었다.

은행나무가 중생대와 신생대의 수천만 년을 지나 현대에도 왕성한 활동을 할 수 있는 것은 이 냄새의 힘이 아닌가 싶다. 어떠한 천적도 냄새 때문에 접근하기 힘들 것 같으니 말이다. 이렇게 범접하기 힘든 도리리의 은행나무 곁에는 가죽나무가 엉겨 자라고 있다. 어떻게 보면 가죽나무가 불쌍해 보일지도 모르겠다. 그러나 가죽나무 역시 은행나무 못지않은 악취를 풍기는 나무다! 그러니 함께 살아갈 수 있지 않을까?

동네 분들의 말씀에 의하면, 400여 년 전 도리리에 처음 정착한 사람들은 지씨네와 송씨네였다고 한다. 그들이 이곳에 정착할 때도 은행나무는 지금처럼 엄청난 크기였다는 이야기가 전해진다. 나무 안내판에는 상장사가 나무를 베어내려 하자 나무가 울기 시작해서 베지 못했다는 내용이 적혀 있지만 정확한 내용은 아니다. 마을의 역사를 알려면 나이 지긋한 어르신의 도움이 필요하다. 역시 동네 노인정이나 마을회관에 가봐야겠다.

역시 도리리 마을회관에 가니 어르신 세 분이 계시다. 도니울 마을 이장님과 연세가 90세가 넘은 어르신, 그리고 90이 넘은 어르신이 애처럼 여기는 80이 넘은 어르신이 계시다. 어르신의 말씀을 그대로 옮겨보겠다.

"옛날에 마을서 상장사에게 돈을 받고 나무를 팔아버렸는데 상장사가 일꾼들을 데리고 와서 나무를 인제 베려고 톱을 갖다가 대서 슬근슬근 톱질을 막 시작했는데, 그 있잖여. 그 흥부놀부 박 썰 때 쓰는 그 톱으루다가 인제 양쪽에서 잡고 썰기 시작했는데 갑자기 쇠울음 소리가 나는 거여. 그러니까 인제 일꾼들이 겁이 나서 톱도 다 버리고 도망갔다지 아마…."

어르신은 마치 어제 일어난 일처럼 이야기를 하시다가 추측성 부사 '아마'로 이야기를 끝내신다.

"그럼 어르신, 상장사한테 돈은 다시 환불해 드렸나요?"

"그런 게 어딨어. 한 번 줬으면 땡이지."

도리리 은행나무는 자신이 팔리게 된다는 것을 알고 있던 것일까?

"60~70년대 한여름에는 애고 어른이고 동네 사람들로 바글바글 했습니다."

옆에 계신 이장님이 거든다. 옛날에는 근방이 대부분 민둥산이었고 근처에 햇볕을 피할 곳이 전혀 없어서 사람들이 은행나무 아래에 모여서 놀았다는 것이다.

"옛날에는 사람들이 저 나무에서 놀다가 많이들 떨어졌지. 근데 다친 사람은 하나도 없었어. 참 신기했지."

"맞습니다. 엄청 많이 떨어졌죠. 중길이랑 송영학씨, 문종이도 떨어졌었고 많이들 떨어졌었죠."

도니울 마을의 가장 큰 매력은 '도니울 둘레길'이라고 생각한다. 도니울 둘레길은 좋은 점이 둘 있다. 첫 번째는 둘레길이 외딴곳에 있지 않고 도니울 마을회관에서 바로 이어진다는 점이다. 마을회관에서 길을 나서기만 하면 바로 둘레길 산책이 시작된다. 두 번째는 둘레길로 들어서면 오랜 참나무들이 동굴을 이루고 있어서 환상적인 산책을 할 수 있다는 점이다. 도니울 둘레길은 여름에 더 매력적이다. 아무리 더운 날이라도 도니울 둘레길의 참나무 숲 동굴로 들어가면 시원하게

산책할 수 있다. 나는 이 길을 둘레길보다 '도니울 동굴길'이라 부르고 싶다.

　도니울 마을은 현재 도니울 농촌체험마을을 운영하고 있다. 미꾸라지 농업 체험, 감자 캐기, 모내기 체험, 벼 베기, 전통 빵 만들기, 천연염색 체험 등을 할 수 있다. 가을에 도니울을 다시 찾았을 때는 전통 빵 만드는 체험을 진행 중이었는데 동네 아주머님부터 80세가 넘은 할머님께서 직접 아이들에게 가르치고 계셨다. 어르신들은 당신들이 가장 잘 할 수 있는 것을 아이들에게 가르치시기에 자부심과 함께 뿌듯함까지 느낄 수 있을 것이다.

　어르신들께는 용돈, 뿌듯함과 함께 어린 아이들과 어울리는 기쁨을 드릴 수 있고, 아이들은 경험하지 못했던 농촌체험을 할 수 있는 곳이 도니울 마을이다. 도시와 농촌이 함께 살아갈 수 있는 새로운 방법을 보여주는 것 같아 탐탁하다. 게

다가 도리리에는 멋진 둘레길과 오랜 시간을 친구처럼 함께해 온 은행나무까지 있으니 여러 가지 매력이 있는 동네라 할 만하다.

도니울 마을에 들어가기 전에 이름도 정겨운 부필리라는 동네가 있다. 부필리는 한자어지만 이미 토착화돼서 순우리말만큼이나 정겨운 느낌의 단어다. 부필리에는 조금 특별한 박물관이 있다.

교회에 다녔던 대부분의 시골 아이들이 그렇듯이 나 역시 배워야 할 모든 것을 교회에서 배웠다. 교회는 일제강점기와 새마을운동 시절에 농촌을 계몽하고 아이들을 교육하는 첨병이었다. 그때의 교회는 뜨거움이 있었고, 자부심이 있었다. 성직자는 존경의 대상이었다. 어렸을 때만 해도 교회 다니는 것은 큰 자랑거리였다. 그러나 지금은 그때와 많이 달라졌다. 지금의 기독교는 어떤지 뒤돌아봐야 한다. 교회만 모르고 있다.

부필리의 기독교박물관에서는 초기 교회의 뜨거움을 느낄 수 있다. 박물관에

는 1890년대부터 1950년대까지 교회의 모습을 볼 수 있는데, 독립운동가 김죽림의 자필편지를 비롯해 여러 유물들이 전시돼 있어 기독교인이 아니라도 한번쯤 방문해볼 만하다.

이곳에서 나를 감동시킨 것은 두 가지인데 첫 번째는 성경 필사본이다. 성경을 우리글과 한자, 그리고 일본글로 한 글자 한 글자 정성껏 써내려갔다. 노 장로께서 82세부터 쓰기 시작한 필사본이라고 한다. 삼국시대 석공의 정과 끌로 불상과 불탑을 다듬던 손길과 노 장로의 펜 끝에 담겨 있는 종교에 대한 뜨거운 마음은 서로 다르지 않다고 생각한다.

이곳 박물관에서 정말 나를 감동케 한 것은 기왓장이다. 박물관에 전시돼 있는 평범한 기왓장이라 생각할 수도 있지만 의미가 있는 기와다. 바로 내가 가장 좋아하는 시인이 살던 집을 덮고 있던 기와인 것이다.

바로 시인 윤동주! 윤동주 시인은 문익환 목사와 어린 시절부터 만주 명동에서 함께 지내던 친구 사이였다. 둘은 어려서부터 종교에 대한 신실한 믿음을 갖고 있었다고 한다. 윤동주의 시에는 유독 종교에 관한 이야기가 많이 담겨 있다. 이를 증명하기라도 하듯 윤동주 생가의 기왓장에는 십자가 문양이 하나하나 새겨

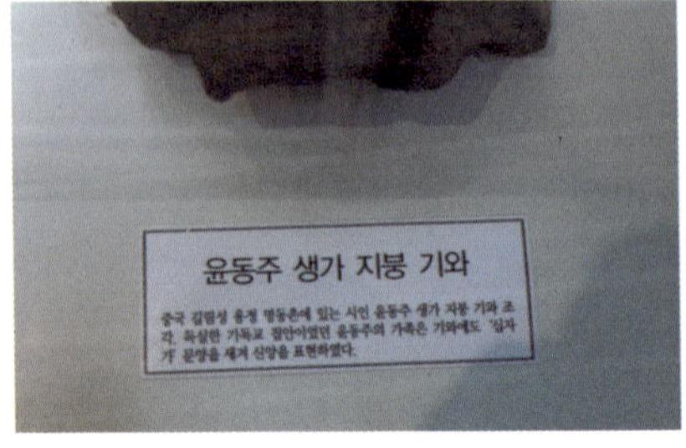

져 있다.

어떤 사람들은 윤동주를 적극적으로 저항하지 못한 나약한 지식인으로 보기도 한다. 그러나 그것은 사실과 다르다. 그는 태평양전쟁 중에 일본에서 무장투쟁을 전개하려다 사전에 발각됐고, 저항에 대한 대가로 생체 실험의 대상이 되어 참혹한 고통 속에서 죽어갔다. '괴로웠던 사나이 행복한 예수그리스도'의 모습으로 사라져 간 것이다.

괴로웠던 사나이.
행복한 예수 그리스도에게처럼
십자가가 허락된다면

모가지를 드리우고
꽃처럼 피어나는 피를
어두워 가는 하늘 밑에
조용히 흘리겠습니다.
(윤동주, 〈십자가〉 中)

이렇듯 기독교박물관에서는 초기 교회의 뜨거움과 식민지 조국에 태어나 참회하는 마음으로 살아갔던 윤동주 시인의 숨결까지 만날 수 있다.

10 | 여름날
해 질 녘엔
연꽃길을 걸어야 한다

장천리 향나무 | 성호호수 연꽃단지

오늘 찾을 곳은 장천리 향나무와 성호호수 연꽃단지다. 이천 시내에서 장천리로 가는 가장 빠른 방법은 3번 국도를 타고 가다 이정표를 보고 우회전하는 길이지만, 시간이 된다면 근처 메타세쿼이아 숲을 먼저 찾아가보기를 권한다.

앞부분에 밝혔지만, 나는 피라미 낚시가 좋다. 대물에 대한 기대는 진작에 꺾고 잘은 손맛과 자연을 즐기려는 마음만으로 행복해지는 낚시가 바로 피라미 낚시다. 사람들은 여행을 많이 다니는데 국내보다는 해외를 선호한다. 충분히 이해할 수 있다.

"거기 뭐 볼 것 좀 있어?"

그들의 질문은 단순하다. 여기서 '볼 것'이라 함은 대물 여행지를 말한다. 단순한 질문에 대한 답으로 '앙코르와트 사원, 에펠탑, 마추픽추, 그랜드 캐니언, 만리장성' 같은 묵직한 곳을 이야기해야 비로소 '부럽다'며 감탄을 한다.

여행의 매력은 유명한 여행지에서 느끼는 즐거움에서 드러날 수도 있지만, 낯선 곳에서 느끼는 객창감과 마음을 편히 내려놓을 수 있는 자유에서 더 크게 다가옴을 느낄 수 있다. 그런 자유로움 속에서는 소물이 대물이 될 수도 있는데, 반대라면 에펠탑은 동네 전신주보다 못하게 느껴질 수도 있다.

장천리 가는 길의 송라리에는 메타세쿼이아 숲이 있다. 숲은 도로변에 있는데 차에서 내리면 바로 숲에서의 산책이 시작된다. 메타세쿼이아라고 하면 담양이 가장 유명하다. 담양의 메타세쿼이아 길은 얼마 전까지만 해도 자동차가 다니던 길이었다. 그러나 통행량이 증가하고 관광객이 증가하자 우회도로를 만들고 숲을 공원으로 조성했다. 담양의 메타세쿼이아 숲이 대물이라면 송라리의 메타세

쿼이아 숲은 작은 물고기다. 그러나 가까운 곳에 즐겁게 걸을 수 있는 숲이 있다는 것은 분명 행운이다. 내겐 큰 물고기 부럽지 않은 곳이다.

　메타세쿼이아는 중일전쟁 중에 중국에서 발견되면서 이후 전 세계로 퍼진 나무다. 그러나 메타세쿼이아는 인간에게 발견된 것과는 상관없이 은행나무와 함께 고생대부터 살아온 가장 오래된 수종 가운데 하나다. 그래서 사람들은 두 나무를 살아 있는 화석이라 부르기도 한다. 은행나무는 특유의 냄새와 단단한 수피로 오랜 시간 자신을 지켜갈 수 있었지만, 메타세쿼이아는 자신을 보호할 특별한 능력이 없어 보인다. 그래서 잠깐이나마 위축되지 않았나 싶다. 하지만 메타세쿼이아는 1억 년이라는 어마어마한 시간을 살아오며 충분히 검증된 나무다. 지구의 어떤 시련에도 꿋꿋하게 살아남았다. 수천만 년 전 기후 변화와 그로 인한 생태계 변화에도 변치 않고 살아남아 생명력과 고결함을 뽐내는 나무가 바로 메타세쿼이아다. 정권이 바뀔 때마다 인사파동이 일어난다. 자신들의 허물을 감추려고 어떤 사람은 '땅을 사랑한다'는 원치 않는 커밍아웃을 하고, 밭에서 자라는 고추를 잔디밭으로 불러들이기도 한다. 그런 사람들 대신 1억 년 동안 모진 환경의 검증을 마친 메타세쿼이아를 추천하고 싶다.

시골 동네의 당산 향나무 아래에는 유독 우물이 많다. 어떤 사람은 향나무가 물을 깨끗하게 한다고 말하기도 하고, 또 어떤 사람은 우물에서 자라는 향나무는 그 우물의 용왕이라고도 한다. 대개 시골 우물이 그렇듯이 우물은 메워지고 나무만 남게 되는데, 이곳 장천리 향나무는 차갑고 맑은 우물을 여전히 간직하고 있다. 그래서 이곳 사람들은 오래전부터 우물을 '찬우물'이라 부르고, 우물이 있는 이 동네를 '찬우물골' 또는 '한천동'이라 불렀다.

장천리 향나무 우물은 아무리 추워도 물이 얼지 않았다고 한다. 예전에는 매년 정월 중 길일을 택해 우물 앞에서 제를 지냈다. 제를 지내는 동안에는 우물물이 넘치면 불길하다고 해서 한 사람이 서서 계속 물을 퍼내게 했는데, 이때 물을 퍼내는 사람은 아들을 낳는다고 해서 경쟁이 치열했다고 한다.

장천리 입구에 도착하니 연세 많은 어르신이 계신다.

"어르신. 저기 보이는 향나무가 꽤 오래됐지요?"

"꽤 오래됐지…"

"어르신, 나무가 신령하다던데 지금도 효험이 있나요?

"그런 게 어딨어? 다 옛날 얘기여…."

어라? 어르신의 반응이 좀 심드렁하다. 안 좋은 일이라도 있었나? 오늘은 향나무 주위가 시끌시끌하다. 무슨 행사라도 있나 보다.

향나무 우물 앞에는 무속인으로 보이는 사람과 그들과 함께 온 대여섯 명이 모여 있다. 이곳 신령한 우물에 제사를 드리러 부산에서 왔다고 한다.

"용왕을 위해야 혀, 얼마나 좋으신 분들이여. 멀리서 용왕을 위하러 오고 말여, 용왕을 위하지 않으면 벌 받는 거여."

구경 나온 동네 아주머니는 손을 모아 빌면서 연신 중얼거린다.

"아주머님, 진짜 향나무가 그렇게 신령스러워요?"

"말도 마요. 이 나무는 우물의 용왕이여, 우리 동네가 예전에는 우물 주위 청소도 하고 얼마나 섬겼는데, 지금은 청소하는 사람이 없어. 그래서 이 나무가 벌도 내리고 그러는 거여. 얼마 전까지만 해도 정월에 제사를 지냈는데 이제는 안 지내."

예의 끝을 길게 끄는 특유의 이천 사투리로 설명을 이어 가신다.

"진짜 벌을 내려요?"

아주머니는 내 말을 듣고 가까이 오시더니 소리를 낮춰 말한다.

"옛날에 스님이 지나가면서 나무를 위하라고 사람들한테 말했는데, 여기 동네가 말도 안 듣고 우물을 박대해서 이 동네가 과부 천지여. 예전에 우리 남편이 이장을 하면서 우물 청소하고 그랬는데 그때 동네 노총각 세 명을 다 장개를 보냈어. 근데 지금은 돌보는 사람이 하나 없어."

지난날의 넋두리 같은 이야기가 이어진다.

용왕을 위해야 한다며 잠시 사라졌던 아주머니는 손에 만 원을 들고 다시 나타난다. 아주머니는 만 원을 제사상에 놓고 연신 절을 한다. 절을 마친 아주머니는 다시 동네 사람들을 불러 모으기 시작하는데 다른 사람들은 역시나 다들 심드렁하다. 호기심에 한 번 둘러볼 만도 한데 아예 이쪽으로 눈길도 주지 않는다. 이때 아주머니의 이어지는 한 마디.

"아, 저이들은 모두 교회 다녀서 그러는 거여. 그래도 나무 위하는 거는 좋은 건데 말여……."

화중군자, 성호호수 연꽃단지

찬우물골에는 옛 이야기가 하나 전한다.

유숭조는 조선 전기의 학자다. 성종 때 문과에 급제해서 성균관 대사성까지 오른 인물로 이곳 찬우물골과 인연이 깊다. 유숭조는 사림의 거두 김종직과 함께 사림세력을 키워 정계에 진출시켰다. 성종이 죽은 후 연산군이 왕위에 오르고 폭정을 일삼을 때도 유숭조는 대쪽 같은 성품으로 연산군 앞에서 직언을 했다고 한다. 연산군의 미움을 받은 유숭조는 여러 차례 유배됐는데, 두 차례나 이곳 찬우물골에 유배를 왔다고 한다. 향나무 옆에는 유숭조의 후손이 유숭조의 충절과 찬우물골의 인연을 안내판에 담아 놓았다.

장천리에는 유명한 곳이 한 군데 더 있다. 얼마 전 성호저수지에 조성한 성호호수연꽃단지는 최근에 떠오르는 여행지다. 연꽃이 활짝 핀 여름에 즐거움을 주는 공원이지만 다른 계절에도 나름 걷는 맛이 있다.

성호저수지 연꽃공원은 꽃이 활짝 핀 여름이 제철이다. 하지만 제철 연꽃 구경

이라도 '급'이 있다고 생각한다.

하수 정도 되는 사람은 한낮에 연꽃 구경을 한다. 낮에는 환한 연꽃을 밝게 볼 수 있어서 사진 찍기에 가장 좋기 때문이다. 환하게 쏟아지는 햇살 아래 밝게 빛나는 연꽃은 최고의 피사체임에 틀림없다. 그러나 여름에는 솟는 땀을 진정시켜야 하기에 편히 감상할 여유가 없다.

중수 정도 되면 뜨거운 낮을 피해 아침 일찍 연꽃단지를 찾는다. 땀을 흘릴 필요도 없고 연잎에 구르는 물방울을 보는 재미도 좋다. 안개라도 낀 날 아침이면 더욱 몽환적이다.

그러나 역시 최상급 답사객들은 해 질 녘에 연꽃을 찾는다. 더위도 피할 수 있고, 석양에 은은하게 빛나는 연꽃은 낮과는 전혀 다른 감동을 선사한다. '과연 이곳이 같은 곳이 맞을까?'하는 생각마저 들게 한다. 화려했던 연꽃은 해가 지면서 점점 흑백사진이 되어 가는데, 다른 시간대에는 감상할 수 없는 감동임에 틀림없다.

해 질 녘이 되면 연꽃단지 풀벌레와 연못 생물들이 소리를 내기 시작한다. 아니, 해가 사라지면서 밝아지는 낮달처럼 낮에도 연못의 생명들은 소리를 내고 있었을 것이다. 사람들 소란으로 소리가 들리지 않았을 뿐이지. 김기택 시인처럼 여름날 연꽃단지의 저녁 공기를 크게 들이쉬면 허파 속으로 작은 생명의 소리들이 들어오고, 연꽃의 향기도 묻어 약간은 마음이 맑아질지도 모를 일이다.

연못을 덮은 연잎은 모양이 재밌다. 그러나 송사리 같은 물고기에게는 연잎이 지옥이 될지도 모르겠다. 한번은 연꽃 길을 걷고 있는데 송사리 한 마리가 연잎으로 튀어 올랐다. 커다란 물고기를 피해서 튀어 오른다는 것이 하필 연잎이었는지도 모르겠다. 가까운 곳이었으면 쉽게 구해주련만, 먼 곳에 있어서 생각다 못해 돌멩이를 주워 연잎에 던졌다. 연잎이 찢어지면서 송사리도 사라졌는데 부디 살아 있길 바란다.

장천리의 찬우물골 향나무와 성호호수를 구경하고 바로 옆에 있는 노성산까지 둘러볼 수 있는 이곳은 이천의 설성면이다.

03

충절을
이야기하며 걷는
답사여행

11 박씨전의
주인공과 함께 걷는
도자산책길

박씨부인정려 | 사기막골 도예촌 | 해강도자미술관

『박씨전』의 박씨부인은 실존인물이었다!

중고등학생으로 돌아가서 『박씨전』을 더듬어보자.

조선의 재상 이득춘은 금강산에서 깊게 기도를 한 뒤 늦은 나이에 아들 이시백을 간신히 얻는다. 이시백은 금강산의 도인 박처사의 비범함에 마음이 끌려 앞뒤 가리지 않고 박처사의 딸과 자신의 아들을 혼인시키기로 약속한다. 그러나 결혼 당일 박처사의 딸 박씨부인이 심하게 못생겼음을 알고 이시백은 첫날밤부터 박씨를 독수공방 시키는데, 남편과 시어머니까지 무시를 하니 집안의 노비들까지 박씨부인을 외면하며 비웃기 시작한다. 그러나 이러한 박대에도 그녀는 신이한 힘으로 집안을 일으켜 세우고 이시백을 과거에 급제시킨다. 그리고 못났던 얼굴의 허물을 벗고 절세의 미모를 가진 여인으로 탄생하게 되는데 요즘으로 말하면 수지 정도의 외모였을까. 이시백은 박씨부인을 거들떠보지도 않다가 외모가 바뀌자 참새가 방앗간 찾듯 박씨부인을 찾게 된다. 이시백을 영어로 표기하면 씨백이 쯤 될 텐데, 이쯤 되면 왠지 이시백의 영어 이름을 마구 불러주고 싶어진다. 씨백이, 씨백이…

이 정도 줄거리만 들으면 소설 『박씨전』이 외모지상주의를 통렬하게 꼬집는 소설인 것 같기도 하고, 반대로 외모가 중요하다는 것을 역설하는 것 같기도 해서 헷갈린다. 그러나 중요한 것은 이 다음부터다. 다시 이어가보자. 이후 씨백이는 국방을 담당하는 신하가 돼서 당시 임금인 인조를 보필하게 된다.

한편, 북방을 통일한 여진족은 국가 이름을 청으로 바꾸고 조선에 쳐들어온다. 이를 '병자호란'이라고 하는데 이때부터 박씨부인의 활약이 시작된다. 권세를 부리며 명분을 부르짖던 서인 양반 세력들은 지리멸렬하고, 큰소리치던 남자들은 깊은 산속으로 도망가기 바쁘다. 그러나 신이한 힘을 가진 박씨부인은 도술을 부려 도성에 쳐들어온 청나라 장수 용홀대를 단숨에 죽이고 대장군 용골대마저 제압한다. 허나 남한산성에 피신해 있던 인조가 항복을 선언하면서 전쟁은 끝나게 된다. 전쟁에는 패했지만 조선 정부는 공을 세운 박씨부인에게 충렬부인이라 봉하고 상을 내린다. 그리고 박씨부인은 이시백과 행복하게 오래 살았다고 한다.

우리는 이 소설에서 두 가지를 알 수 있다고 배웠다. 조선 후기에 들면서 여성의 지위가 높아지고 있다는 것과, 전쟁 뒤 오랑캐에게 패배했다는 굴욕감을 문학 작품으로 극복하려 했다는 점이다. 그러나 현실은 현실이다. 신이한 힘으로 도술을 부리던 박씨부인은 진짜 현실엔 없었다. 세상은 영웅 대신 뒤에 숨어 북벌만 입에 달고 살았던 신하들 천지였다.

그러나 놀라지들 마시라! 실제 박·씨·부·인·은·있·었·다! 오히려 소설 속 박씨부인보다 더 현실적이라 깊은 아픔과 감동을 느끼게 하는 진짜 박씨부인에 관한 이야기다. 그것도 이곳 이천에서 말이다. 신둔면 수남리 느티나무 숲에는 박씨부인의 숨결이 잠들어 있다. 진짜 박씨부인의 이야기도 역시 병자호란에서 시작된다.

박씨부인은 어려서 매우 아름답고 현명한 사람이었다. 그녀는 17살의 나이에 한양의 오금동에 사는 한검이란 사람에게 시집을 갔다. 한검과 결혼한 박씨부인은 아이도 낳고 부모도 모시고 행복한 결혼생활을 하고 있었다. 그런 가운데 병자호란이 터졌다. 벼슬을 하던 남편 한검은 전쟁터로 나가고 박씨는 가족들과 이곳 수남리로 몸을 피하게 됐다. 그러나 압도적인 전력 차이로 조선은 청나라에 연패를 당하며 그녀의 남편 역시 적군에 의해 도륙됐고, 그 슬픈 소식은 머잖아 그녀에게 닿게 됐다.

남편의 부고가 전해진 뒤, 청나라 부대가 서울을 점령하고 현재의 3번 국도를 따라 수남리의 기치미고개에 당도했다는 소식을 듣게 된 그녀는 미리 준비한 칼한 자루를 들고 청나라 군인들에게 다가갔다. 어여쁜 여인이 하얀 옷을 입고 다가오자 군인들은 경계를 풀고 희롱하듯 그녀를 맞았다. 그 사이 그녀는 칼을 꺼내 세 명의 청나라 군인을 죽이고 자신도 그 칼로 자결했다. 남편을 잃은 자신과 아버지를 잃은 아이들에 대한 복수였다. 그녀는 자결 전에 오랑캐의 피가 묻은 칼은 더럽다며 흰 헝겊으로 담담하게 칼을 닦고 자신을 찔렀다. 그렇게 그녀는 자신이 그토록 사랑했던 남편 곁으로 떠나게 된 것이다.

나중에 인조의 조선 정부는 그녀를 기리며 정려 하나를 내렸다. 정려라는 것은 충신이나 열녀에게 내리는 표창장이라고 할 수 있다. 그러나 과연 인조가 그녀에게 표창을 내릴 자격이 될까? 무능했던 인조와 조선 정부는 표창이라는 의미의 정려가 아니라 사죄비를 그녀에게 바쳤어야 했다. 명분만 외치며 국제정세를 살피지 않았던 조선 정부의 무능이 병자호란을 불러왔기 때문이다. 결국 위정자들의 무능으로 아무것도 모르던 백성들이 전쟁의 고통을 당해야만 했다. 언제나 그랬다.

이후 박씨부인의 후손들은 정려각을 만들고 주위에 느티나무를 심어서 그녀의 슬픈 넋을 위로했다. 정려와 정려를 감싸고 있는 느티나무는 수남리에 가면 언제라도 만날 수 있다.

다음은 정려의 내용이다.

절부이며, 통정대부 승정원좌승지 겸 경연참관의 벼슬을 한 한검의 처로, 숙부인으로 품계가 올라간 죽산박씨의 정려문이다. 숭정12년(인조17년, 1639년) 기묘년 10월일 인조 임금 때 명정되었다. 지금 임금 45년 경인년(1770년) 10월에 중건하였다.

청나라의 주력부대를 초토화시킨 소설 속 박씨부인, 그리고 남편의 복수를 위해 세 명의 청군을 살해한 이천의 박씨부인. 우리들의 마음은 누구의 손을 들어줄 것인지에 대해 생각해본다.

자! 이제 박씨부인을 교과서와 도서관에서만 만나지 말고, 이천 수남리에 직접 와서 박씨부인의 마음과 그녀의 숨결을 느껴보자.

내게는 마음을 아프게 했던 후배가 하나 있다. 사연이 있는 녀석이다. 아버님이 일찍 돌아가시고 가족을 돌보며 꿋꿋하게 살아온 이 후배 녀석은 군대에서 훈련 중에 뇌출혈로 쓰러져서 사경을 헤맨 적이 있다. 사고 후 사람들은 녀석이 깨

어나지 못할 거라고 이야기를 했다. 그러나 녀석은 20일이 지나 깨어났다. 모두 기적이라고 했다. 그러나 후배는 생명을 얻은 대신 많은 것을 잃었다. 똑똑하고 운동을 잘했던 녀석은 의식을 찾은 뒤에는 글자조차 읽지 못했다. 아이들이 보는 만화책을 읽는 데 무려 1년이 넘게 걸렸다. 글자를 잊은 것이다. 녀석은 그 후 오랜 시간 초인적으로 노력해 복학했고, 공학에서 사회복지로 전공을 바꿨다. 후유증은 아직 남아 있지만 녀석은 현재 정상적인 삶을 살고 있다.

힘들게 대학을 졸업하고 취업을 준비하던 후배는 갑자기 내게 연애 사실을 고백하며 조언을 요청해왔다. 태어나서 처음 생긴 여자친구라 당황한 녀석은 무엇을 해야 할지 잘 몰랐나 보다. 그녀가 이천에 처음 오는데 어디를 함께 걷고 무얼 대접해야 할지 모르겠다는 것이 고민의 요지였다. 고민을 듣게 된 것은 그녀를 만나기 일주일 전이었다. 난 졸지에 노총각과 징글징글한 데이트 예습에 들어갔다. 주말에 노총각과 데이트라니.

첫 데이트 장소로 선택한 곳이 바로 사기막골 도예촌이다. 사기막골은 박씨부인이 청나라 군인들을 살해했던 그 기치미고개에 있다. 3번 국도를 따라 서울에서 내려오다 기치미고개를 오르는 중에 설봉산 북쪽 골짜기를 따라 도자기마을이 형성돼 있다.

사기막골 도예촌은 60~70년대에 일본에 한국도자기 붐을 일으킨 도자기 산지 중 하나다. 예전의 사기막골은 예술 도자 위주의 명장 도예가들의 계곡이었는데, 지금은 주로 젊은 도예인들이 도자를 만들며 소비자들과 만나고 있다. 최근에는 분위기 좋은 카페도 늘고 개성 강한 판매점도 들어와 서울의 경리단길처럼 이천의 핫한 곳 중 하나가 되고 있다.

후배에게 둘러볼 곳과 차 마실 곳, 그리고 함께 도자 쇼핑을 하면서 권해줄 목록과 권해줄 때 건넬 멘트까지 코치를 해줬다. 다행스럽게도 처자가 평소에 도자에 관심이 많았나 보다. 후배의 여자친구는 도자기 마을에서 즐거워했다고 한다.

후배의 이름은 박종인이다. 종인이는 도자마을의 추억이 있는 첫사랑과 얼마 전에 결혼했다. 사기막골 도예촌의 도자가 그들의 사랑을 더욱 빛나게 해준 것이 아닐까 생각해본다.

해강도자미술관, 그곳에 가면 도자와 역사를 만날 수 있다

도예촌에서 예쁘고 아름다운 도자를 만났다면 이제 본격적으로 도자의 세계에 빠질 차례다.

나는 도자기를 감상할 때 다섯 가지를 중심으로 본다. 첫째는 형태의 아름다움, 둘째는 빛깔의 아름다움, 셋째는 재질의 아름다움, 넷째는 실용성, 다섯째는 실용적이지 않다면 유니크함!

이런 이유로 내가 가장 좋아하는 도자 장르는 알 수 없는 문양이 있는 편병 형태의 분청사기다. 분청사기란 청자에 하얗게 분칠을 한 도자를 말한다. 분청사기는 고려시대의 청자에서 조선 중후기의 백자로 옮겨가는 시기에 등장하는 과도기적 성격의 도자라고 할 수 있다. 개인적으로 분청사기야말로 우리 민중의 정신이 담긴 훌륭한 도자라고 생각한다. 분청사기가 탄생하게 된 배경은 역사적 맥락과 관련 있다.

고려시대에 만들어졌던 빛깔 영롱한 청자는 상감기법이 도입되면서 완전한 전

성기를 맞았다. 사람들은 청자라면 누구나 깨끗한 쪽빛 투명한 비색청자를 생각하는데 바로 그 시기가 비색청자의 전성기였다. 그러나 원나라 간섭기에 들어서면서 문화의 질은 떨어지게 되고, 청자 역시 퇴락의 길을 걷기 시작했다. 14세기가 되면서 청자의 품질은 더욱 확연하게 떨어졌다. 정국의 불안에 판로가 막힌 데다 강진으로 대표되던 바닷가 양질의 가마터가 왜구의 침입으로 파괴되면서 더욱 품질이 떨어지게 된 것이다. 이후 청자가마터는 내륙으로 이동하지만 정부의 지원이 적어지고 시장도 축소되면서 청자를 더 이상 청자라고 부르기도 민망할 지경이 되어 버렸다. 이렇게 되자 영롱한 빛을 잃어버린 청자에 분칠을 시도하게 되는데 이것이 바로 분청사기의 시작이라고 할 수 있다.

이렇게 관요적 성격의 청자에서 백성들이 만드는 민요적 성격의 분청사기로 변하면서 우리는 일반 백성의 자유로운 예술혼을 볼 수 있게 됐다. 청자의 쇠퇴가 분청사기의 번영을 가져온 것이다. 분청사기는 지역마다, 만드는 사람마다 개인차가 컸다. 그럴 수밖에 없는 것이 어디에 예속됨이 없이 자신의 개성을 표현할 수 있었기 때문이다. 나는 이 시기의 분청사기를 가장 좋아하는데, 분청사기를 나만 좋게 생각했던 것은 아닌 것 같다.

박씨부인정려 | 사기막골 도예촌 | 해강도자미술관

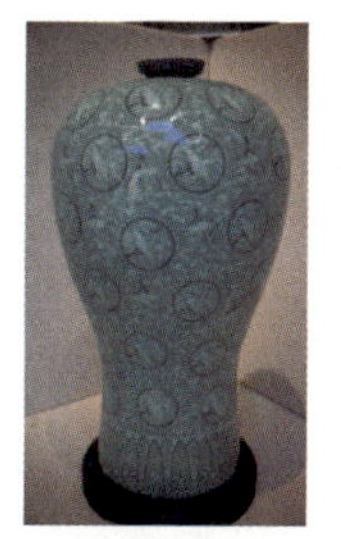

20세기 최고의 예술가 중 한 사람이었던 버나드 리치(Bernard Howell Leach)가 '20세기 현대 도자가 나아갈 길은 조선시대 분청사기가 이미 다했다'라고 말할 정도로 분청사기의 예술적 가치는 세계적으로도 인정받는 우리의 대표적인 도예 장르다.

15세기에 중국에서 깨끗한 백자가 들어오면서 분청사기는 쇠퇴하게 된다. 아마 백자가 왕실의 품격에도 맞고 성리학을 신봉하는 학자들의 입맛에도 맞았나 보다. 양란을 전후해서는 결국 분청사기는 사라지고 백자가 주류를 이루게 된다. 이제 백자의 시대가 된 것이다. 분청사기는 그렇게 청자에게 받은 영광을 백자에게 전해주게 된다.

이러한 도자 역사의 흐름뿐만 아니라 원시시대의 토기부터 죽은 사람의 관에 함께 넣었던 명기, 분위기 좋게 술을 담아 퍼마시던 희준과 장군, 빛깔 고운 상감청자, 독특한 질감의 분청사기, 보물 제1573호 청자양각 연화무늬 접시, 강렬한 선이 아름다운 분청사기 철화 병, 순백색의 백자, 마음마저 푸근해지는 백자 달항아리, 그리고 현대 도자예술가들의 전시회까지 관람할 수 있는 곳이 바로 해강도자미술관이다.

'해강'은 유근형 선생의 호다. 유근형 선생은 18세 때인 1910년대부터 도자를 배우기 시작해서 젊은 나이에 명장의 반열에 오른 분이다. 도자에 해강 선생의 낙관만 찍혀도 수십 배의 가치가 더 붙을 정도로 선생의 명성은 대단했다. 그는 1960년대 신둔에 해강고려청자연구소를 만들고 고려시대 청자의 전성기를 찾고자 노력했다. 그리고 그 노력의 결실로 장남 유광렬 선생과 함께 해강도자미술관을 개관하게 됐다. 해강도자미술관은 우리나라 최초의 상설 도자전문 미술관으로 기념비적인 곳이다. 미술관 아래쪽 판매점에서는 해강 선생의 옛 작품을 만날 수 있다.

내가 가장 좋아하는 분청사기는 두 점이다.

'분청사기 선각선무늬편병'은 정말 놀라움 그 자체의 도자다. 백토를 아무렇지도 않게 쓱쓱 발라 놓은 붓놀림은 형식을 벗어난 파격을 보여준다. 백토가 모자라서 물을 대충 붓고 바른 걸까? 백토 분칠 위에 손톱으로 그은 것 같은 선의 형태는 또 어떤가! 500여 년 전에 이렇게 자유로운 영혼의 예술가가 있었다니!

다른 하나 역시 선무늬 편병이다. 대충 그린 것 같은 선의 추상성은 피카소를 압도한다고 생각한다. 그러나 그 편병은 우리나라가 아닌 일본에 소장돼 있다.

여러 해 전에 직접 볼 수 없는 안타까움을 달래려고 선무늬 편병을 만들어본 적이 있다. 그러나 도자는 생각처럼 나오지 않았다. 선조의 편병 모습 그대로 대담하게 선을 그려 나갔지만 인위적으로 보이는 것은 어쩔 수 없었다. 문명에 찌든 현대인의 손은 선조의 자유로운 손길을 도저히 따라갈 수 없었던 모양이다.

세상에 영원한 것은 없다. 영원할 것 같던 청자의 영광은 쇠퇴했고, 분청사기 역시 그랬다. 그러나 그들이 만든 도자는 앞으로도 영원한 아름다움을 간직하고 있을 것이다.

흥망이 반복됐던 도자의 역사, 그리고 그것을 만든 시대의 문화, 그리고 도자와 함께했던 옛사람의 향기까지 만날 수 있는 해강도자미술관은 이천의 신둔면에 있다.

12 여섯 선비들과 함께 걷는 노란 산수유마을

도립리 육괴정 | 산수유마을

기묘사화, 육괴정, 그리고 여섯 가문의 데카메론

오늘 찾을 도립리 육괴정은 사화를 피해 내려온 남당 엄용순 선생이 건립한 정자다. 엄용순은 조선 중종 시절 사람으로 과거에 합격했지만 벼슬길에는 나아가지 않은 인물이다. 엄용순의 아버지인 엄훈이 연산군 시절 갑자사화로 화를 당한 모습을 지켜봤기에 그는 정치와 벼슬에 환멸과 함께 두려움을 느꼈던 것일지도 모른다.

엄용순의 생각은 틀리지 않았던 것 같다. 연산군을 내몰고 왕이 된 중종은 훈구를 견제하고 부패한 세력을 개혁하기 위해 사림의 리더 조광조 등을 등용했다. 하지만 중종은 기득권 세력의 반대와 조광조의 급진적인 개혁에 대한 부담을 이기지 못하고 다시 기묘사화를 일으켜 조광조 일파를 죽인다. 조광조는 엄용순의 스승이었다. 두 번의 사화로 아버지와 스승을 잃은 엄용순의 심정은 어땠을까? 이후 엄용순은 일가를 이끌고 아버지의 묘가 있는 이천의 도립리로 낙향하는데, 조광조의 제자였다는 이유만으로도 서슬 퍼런 사화의 칼끝이 엄용순의 목을 겨눌 수도 있었기에 어쩔 수 없는 선택이었을 것이다.

그는 죽음의 위기 속에도 풍류와 여유를 잃지 않았던 것 같다. 이곳 도립리에 근사한 정자를 하나 짓고 비슷한 시기에 사화를 피해 내려온 다른 친구들과 정자에서 시화를 논하고 학문을 강론하며 도를 즐겼다고 하니 말이다. 또한 자신을 포함한 친구 여섯 명과 함께 우의를 다지는 의미로 정자 인근에 느티나무를 하나씩 심었다고 한다. 그래서 이곳은 여섯 그루의 느티나무가 있는 정자라는 뜻의 '육괴정'이라 이름 붙게 됐고, 이곳에서 강론하던 여섯 선비는 '괴정육현'이라 불리게 됐다.

모재 김안국, 규정 강은, 계산 오경, 퇴휴 임내신, 두문 성담령, 남당 엄용순. 여섯 인재와 식솔은 이런 연유로 서울을 버리고 내려와 백사면을 중심으로 각 각 하나의 마을을 선택해서 마을을 가꾸며 살았다.

육괴정은 현재 번듯한 기와집으로 중건됐지만 예전에는 초가였다고 한다. 엄용순은 초가 앞에 남당이란 연못도 조성했는데, 연못에 연꽃도 심고 느티나무 아래에서 풍류를 즐겼을 것이다.

이들의 여유가 부럽다. 환란에 가까운 혼돈을 피해 쫓기듯 내려온 사람들이 모여서 나무를 심고 시화를 즐기는 여유로움이라니. 한양을 떠나온 동병상련의 처지에 서로 얼마나 애틋했을까.

지금은 여섯 가문을 상징하는 느티나무 중에 세 그루는 고사하고 세 그루만 남았다. 나무는 죽었지만 여섯 가문의 후손들은 지금도 집성촌을 이루며 살아가고 있다. 또한 500여 년이 지난 지금도 후손들은 1년에 한 번씩 모여서 조상께 제를 올린다고 하니 그들의 우정이 참으로 깊었나 보다.

엄용순의 후손들은 이곳 육괴정을 무척 아꼈다고 전한다. 500여 년의 세월 동안 육괴정을 세 차례에 걸쳐 단장했는데 1741년과 1887년, 그리고 1936년에 중수했고, 최근에 시에서 정비를 하면서 현재와 같은 모습을 갖추게 됐다.

이곳 육괴정이 있는 도립리에는 오동나무가 보이지 않는다. 몇 번 둘러봤지만 산수유, 소나무, 참나무류는 보이지만 흔한 오동나무 한 그루가 없다. 여기에도 사연과 연유가 있다.

연산군은 두 번의 사화를 통해 성종 시절에 새롭게 등장한 사림세력을 몰살한다. 이후 중종이 반정을 일으켜 연산군을 몰아내고 다시 조광조를 비롯한 사림세력을 등용한다. 사림을 다시 등용한 이유는 부패한 반정공신들을 견제하기 위함이었다. 조광조는 반정공신에게 주어지는 특권을 없애려고 했다. 이에 분노한 훈구 공신들은 조광조를 몰아내기 위해 모략을 꾸민다. 훈구세력은 '조광조가 공신을 제거한 뒤 스스로 왕이 되고자 한다'는 거짓 소문을 내고 모함하기 시작했다. 그때 이용한 것이 바로 오동나무의 잎이다.

훈구세력과 결탁한 희빈 홍씨 등은 궁궐 나인을 시켜 오동나무 잎에 꿀을 바르게 했다. 나뭇잎에 꿀로 쓴 글자는 '주초위왕(走肖爲王)' 네 글자였다. 이는 '조씨 성을 가진 자가 왕이 되려 한다'는 내용으로 개혁의 중심에 서 있던 조광조를 겨냥한 것이었다. 개미들이 오동나무 잎의 꿀을 갉아먹으면서 주초위왕이라는 글자가 드러나자, 소문은 궁궐은 물론 민가까지 넘어가 민심이 요동치기 시작했다. 중종 역시 조광조의 급진적인 개혁정책에 염증을 느끼고 있던 터라 이 기회에 사림 세력을 숙청하기 시작하는데, 이 사건이 그 유명한 '기묘사화'다.

기묘사화로 스승을 잃은 엄용순과 그의 후손은 오동나무만 봐도 분노를 느꼈을 것이다. 이곳 도립리에 오동나무가 없는 것은 어찌 보면 당연한 것일지도 모르겠다.

사화에 얽힌 여섯 선비들의 이야기와 우정을 떠올려 볼 수 있는 이곳은 백사면 도립리의 육괴정이다.

"이천하면 어떤 나무가 떠오르세요?"

그럴 리는 없겠지만 누군가 물어본다면 나는 두 번 고민하지 않고 '산수유나무'라고 말할 것이다.

산수유는 봄에 노랗게 피는 꽃이다. 봄을 알리는 노란 꽃으로는 개나리와 산수유가 앞뒤를 다투지 않을까 싶다. 개나리는 개나리만의 상큼함이 있다. 채도에서만큼은 산수유 꽃이 개나리의 상대가 안 되지만, 역설적이게도 이렇게 선명한 노란색 때문에 개나리는 초봄과 어울리지 않는다. 이른 봄 개나리가 필 무렵, 산과 들의 생명들은 아직 겨울의 보호색인 어두움을 벗지 못한다. 겨울을 이겨낸 개나리는 먼저 봄을 알리려 고맙게도 샛노란 꽃잎을 틔우지만 주변의 어두운 풍경과 달라 어색함을 느끼게 한다. 어설픈 화장을 한 대학 새내기 같다고 하면 적당한 표현이 될 수 있을까? 그러나 산수유는 다르다. 노란색이지만 파스텔 톤이기 때문에 겨울 기운을 벗지 못한 주위의 어두운 나무와도 무척 잘 어울린다. 분위기를 맞출 줄 아는 꽃이랄까?

사실 오늘은 사회인 야구가 있는 날이었다. 매주 일요일에 야구하러 나가기 때문에 이젠 가족친지들은 일요일이면 집안 행사가 있어도 부르지 않을 정도가 됐다. 그런데 오늘은 어제 내린 비로 시합이 취소돼서 아내님과 아드님을 모시고 이곳 산수유마을에 방문하게 된 것이다.

"오~ 웬일이야 아빠? 오늘은 야구하러 안 가?"

"나에겐 야구도 중요하지만 가족이 더 소중해. 오늘 아니면 산수유 꽃을 못 볼 것 같아서 야구 취소하고 여기 함께 온 거야. 가장으로서의 책임감이라고나 할까?"

아들은 적잖이 감동한 눈친데, 사정을 아는 아내는 역시 콧방귀도 뀌지 않는다.

예상대로 축제가 지난주에 끝났기 때문에 사람들이 뜸하다. 게다가 비까지 내린 후라 더 차분하고 꽃 색깔도 선명하니 예쁘다. 도립리의 산수유는 사화를 피해 내려온 사람들이 심었다고 전해진다. 이를 증명이라도 하듯이 괴정6현의 육괴정 뒤쪽에는 돌담길 사이로 산수유 숲이 조성돼 있다.

이곳 산수유마을에 오게 된다면 산을 한 바퀴 돌아 나오는 산수유 산책길을 권하고 싶다. 산책길에서는 도립리에 사는 분들이 직접 만든 산수유진액과 산수유막걸리도 맛볼 수 있어서 즐거운 산책길이 될 것이다.

산수유열매가 보리수 구기자와 비슷한 것처럼 산수유 꽃 역시 생강나무 꽃과 쌍둥이다. 이곳 산수유마을을 찾는 사람들은 노란 꽃물결에 취해서 보이는 모든 노란 꽃을 산수유라고 생각하는데 사실 언덕에 무리지어 자생하는 노란 꽃은 생강나무 꽃이다. 도립리에서도 생강나무를 흔하게 만날 수 있는데, 멀리서 보면 두 나무의 꽃 색감과 형태가 비슷해 구분하기가 어렵다. 꽃이 피는 시기도 비슷해서 산에 드문드문 피어 있는 생강나무 꽃을 발견하면 열 명 중 아홉은 산수유라고 생각하기 마련이다. 그러나 조금만 주의 깊게 보면 쉽게 구분할 수 있다.

그럼 봄꽃의 라이벌 생강나무와 산수유를 본격적으로 비교해보자! 생강나무는 한반도에서 자생하는 고유종이지만 산수유는 외래종이라고 한다. 그래서 일단

생강나무가 보너스 점수를 받고 시작한다. 홈 어드밴티지랄까.

1차전, 꽃을 비교해보자. 두 꽃을 가장 쉽게 구분하는 방법은 꽃자루를 비교하는 것이다. 생강나무 꽃은 가지에 딱 달라붙어서 피지만, 산수유 꽃자루는 상대적으로 길어서 쉽게 구분할 수 있다. 생강나무 꽃은 땅딸보 같고 산수유는 약간 더 우아한 느낌이 든다. 꽃이 떨어지는 모습도 다르다. 1차전 꽃 대결에서는 근소한 차로 산수유의 손을 들어 주고 싶다. 산수유 승!

2차전, 잎과 줄기를 겨뤄보자. 산수유 줄기의 껍질은 볼품없이 갈라져서 헤식어 보인다. 잎은 시원시원한 직선 무늬를 띠지만 그건 봄과 초여름 이야기다. 산수유는 단풍이 아름답지 못한 것은 물론 마르면서 떨어지는 모습 역시 지저분해 보일 때가 있다. 생강나무의 여린 잎은 데쳐서 나물로 먹기도 한다. 잎은 3~5갈래로 귀엽게 갈라지고 가을이 되면 노랗게 물들면서 떨어진다. 2차전은 생강나무의 완벽한 승!

3차전은 열매 대결이다! 산수유와 생강나무 열매 모두 여름에는 초록색을 띤다. 산수유는 약간 길쭉한 모양으로 점점 붉게 변하는 데 비해 생강나무의 열매는 검게 변해서 까마중처럼 보이기도 한다. 생강나무의 씨앗은 짜서 머릿기름으로 쓰기도 한다. 산수유 열매는 다양한 곳에 이용할 수 있다. 술을 담가 먹을 수도 있고, 해열 기능도 있다. 또한 자양강장의 효능도 있어서 산수유를 이용한 약과 음료가 최근에 많이 출시됐다. '남자에게 좋다'는 콘셉트의 광고를 모두 기억할 것이다. 3차전 열매 대결에서는 산수유의 압도적인 승리라고 할 수 있다. 확실한 승부를 내기 위해서 한 번 더 승부를 겨뤄보자.

연장전은 문학작품 대결이다. 산수유 하면 역시 김종길 시인의 「성탄제」가 떠오를 수밖에 없다. 고열에 시달리는 아이를 위해 눈을 헤치고 붉은 산수유를 따 오신 아버지. 하얀 눈 속의 빨간 산수유 열매, 그리고 아버지의 사랑!

생강나무 하면 김유정의 소설 『동백꽃』이다!

"느그 집에는 이거 없지?"라는 명대사로 소년의 빈정을 상하게 했던 소설 동백꽃은 강원도가 배경인데 그곳에서는 생강나무를 동백이라 부른다. 점순이가 소년을 안고 쓰러진 동백꽃 무더기가 바로 생강나무꽃이다.

생강나무의 잎과 줄기를 문지르면 생강냄새가 나기 때문에 생강나무라는 이름이 붙었는데 이 냄새는 소설 속 사춘기 소년소녀의 사랑 내음과도 비슷했나 보다.

4월, 노란 산수유로 산 전체가 노랗게 물드는 백사의 도립리. 사화를 피해 내려온 사람들의 이야기도 만나보고 노란 산수유 꽃 속에 풍덩 빠져보자. 여섯 선비의 육괴정과 느티나무, 그리고 노란 생강나무 꽃과 산수유 숲을 볼 수 있는 이곳은 이천의 백사면이다.

13 교과서 밖에서 만나는 어재연 장군 이야기

어재연 장군 생가 | 산성리 느티나무 | 부래미마을

우리나라는 과거에 침략을 많이 당한 나라다. 가장 심한 피해를 당한 외침은 아마 임진왜란과 일제강점기가 아니었을까 싶다. 임진왜란 때 조선을 도운 나라는 명나라였다. 그러나 정작 도우러 온 명나라 군사는 일본군만큼이나 수탈을 하며 우리 백성을 괴롭혔다고 한다. '왜놈은 얼레빗, 명나라는 참빗'이라는 말이 당시에 유행했을 정도라고 하니 명나라 군대의 만행은 짐작하고도 남는다.

미국은 6.25전쟁 때 우리에게 큰 도움을 줬다. 이후 경제 원조까지 해줬으니 우리에게 그들은 천사나 다름없었다. 70대가 넘는 노인 분들은 미국이라는 나라에 로망이 있다. 로망을 넘어 '굽실거림'까지 느낄 수 있다. 그들에게 미국은 영웅이었으니 이해는 한다. 그러나 이후 미국도 임진왜란의 명나라처럼 우리에게 참빗질을 했다. 우리는 많은 무기를 그들에게 구매했고 그들의 대외전략에 협력했다. 충분하다고 생각한다. 이제 당당한 동반자로 함께해야 한다.

우리가 천사로 생각했던 미국과는 처음부터 허니문 관계였던 걸까? 우리가 그들을 처음 만난 것은 1866년이었다. 미국 상선 셔먼호는 조선말을 할 줄 아는 선교사를 통역관으로 채용해서 대동강을 거슬러 올라 무역을 요구했다. 셔먼호는 상선이었지만 군인을 태우고 무장한 채 평양에 접근했다. 평안도 관찰사 박규수는 그들에게 '조선은 국법으로 외국과의 무역이 금지됨'을 알리며 무역을 거부했다. 그러나 그들은 막무가내로 조르며 무력까지 행사했다. 이런 가운데 셔먼호가 대동강의 모래톱에 걸리자 초조한 승무원들이 대포와 소총을 발사하며 평양군민을 죽였는데, 이것은 명백한 그들의 잘못이고 실수였다. 분노한 평양군민들은 배를 이끌고 셔먼호에 기름을 끼얹고 불을 붙여 태워 침몰시켰다. 셔먼호의 선원

대부분은 타 죽거나 익사했고, 선교사라는 이름이 아까운 토머스는 배에서 기어 나와 살려달라고 애원했지만 성난 군민들은 그를 때려 죽였다. 이 사건이 그 유명한 '제너럴셔먼호사건'이다.

이에 미국은 1871년 조선을 일본처럼 무력으로 개항시키기 위해 5척의 군함과 1200명의 병력을 파견했다. '신미양요'의 시작이었던 것이다. 이에 조선 정부는 다급하게 이천 출신의 어재연 장군을 진무중군에 임명하고 방어토록 했다. 그러나 전투 시작도 전에 결과를 알 수 있었다. 엄청난 화력의 차이로 도저히 이길 수 없었는데, 유치원생과 일반인의 격투 경기 정도라면 이해할 수 있을까? 셔먼호사건의 보복성 공격이 짙었던 광성보 전투에서 어재연 장군은 병사들을 격려하며 응전했지만, 장군을 포함한 병졸 대부분은 전사하고 말았다.

치열했던 광성보 전투의 전사자는 어재연 장군과 그의 병졸만이 아니었다. 민간인도 한 명 있었다. 어재연 장군이 강화도에서 미군과 맞선다는 소식을 들은 그의 동생 어재순이 가족 친지들의 만류에도 불구하고 형과 함께 나라를 위해 미군과 싸우겠다며 강화도로 건너간 것이다. 혈혈단신 맨몸으로 사지로 찾아든 동생을 보고 어재연 장군은 "너는 궁벽한 고을의 일개 포의에 불과한 몸이다. 너는 왕사(王事)로 죽는 나와는 다르다. 어찌 빨리 돌아가지 못하겠는가!"라며 동생을 꾸짖었지만 어재순은 "나라를 위하는 일에는 신하와 백성이 따로 없다"면서 돌아가기를 거부하고 장군과 함께 군대의 선봉에 서서 미군에 맞서 싸우다 장렬히 전사했다.

매천 황현은 광성보 전투의 참혹한 상황을 『매천야록』에 남기기도 했다.

오늘 찾을 곳은 바로 어재연 장군이 태어나 어린 시절을 보냈던 율면 산성리다. 산성리에는 어재연 장군의 생가와 사당이 있다.

어재연 장군 가문에게 미국은 천사의 나라가 아니라 원수의 나라다. 그들은 말도 안 되는 이유로 싸움을 걸어왔고, 그로 인해 선조가 무참히 도륙됐기 때문이다. 그래서 어재연 장군의 생가에서는 지금도 미국에서 건너온 물건은 절대 쓰지 않는다고 한다. 가문의 분노를 충분히 이해하고도 남는다.

이런저런 생각 중에 자동차는 장군의 생가 앞마당에 도착했다. 그러나 분위기 파악 못하는 자동차의 오디오는 타이밍도 절묘하게 제이슨 므라즈의 노래를 내

보낸다. 조용히 음악을 끄지 않을 수가 없다. 므라즈를 좋아하지만 이곳에서만큼은 미국인의 노래가 울려 퍼지면 안 될 테니까.

장군의 느티나무

어재연 장군의 생가 앞에 자라는 느티나무는 엄청난 크기를 자랑한다. 지금까지 봤던 나무들과는 스케일이 다르다. 가져간 줄자로 흉고둘레를 재보니 6m에 육박한다. 안내판에는 수령이 160년으로 표기돼 있는데 이는 말도 안 된다. 다른 느티나무와 상대적으로 비교해봐도 300년은 족히 넘어 보이기 때문이다. 이 정도 크기면 어재연 장군 형제분들이 어렸을 때에도 넉넉한 그늘을 내주었을 것이다. 장군의 느티나무 앞에는 누군가 깨끗한 그릇에 정화수를 한가득 담아 놓았다. 느티나무에 애틋한 마음을 빌러 온 것으로 보인다.

이 나무와 관련해 전하는 이야기가 하나 있다. 수십 년 전, 어재연장군 문중의 어르신이 돌아가셔서 장사를 지내는 중에 상여를 느티나무 아래 세워 놓고 동네 사람들이 점심 식사를 했다. 그런데 식사를 마친 동네 사람들 모두 토사곽란을 일으켰다고 하는데, 이를 두고 사람들은 느티나무가 저주를 내린 것이라 한다.

느티나무와 장군의 생가에 대해서 알고 싶은 게 많은데 마을에는 아무도 보이지 않는다. 더운 여름날의 한낮이라 그런가 생각을 하는데 그때 자동차 한 대가 마을로 들어서고 다부진 체격의 군모를 쓴 사람이 내린다. 마침 잘 됐다.

"안녕하세요. 동네에는 어르신이 안 계시네요. 느티나무와 어재연 장군에 대해 궁금해서 그러는데 어르신들을 어디 가면 뵐 수 있을까요?"

강렬한 눈빛에 군모까지 쓰고 있어서 더욱 강인해 보인다.

"글쎄요. 더워서 지금 시간에는 대부분 주무실 겁니다. 궁금한 점이 있으면 물어보세요. 제가 알려드리겠습니다. 제가 이곳 이장입니다."

이럴 수가. 소 뒷걸음질 치다 개구리를 잡는다더

니 항상 이런 식으로 행운이 따른다.

"이장님, 저 느티나무가 수령이 160년 밖에 안 됐다는 건 좀 이상한데 사실일까요?"

"그건 아마 우리 어재연 장군의 나이와 맞추려고 묶어서 계산하다 보니 그렇게 된 것 같습니다. 사실은 훨씬 오래됐을 겁니다."

이장님은 느티나무에 대한 설명과 함께 느티나무의 저주에 대해서도 덧붙인다. 한여름에 당한 상이고, 상여가 먼 곳에서 왔기 때문에 음식이 상해서 식중독에 걸렸던 것으로 생각한단다.

그런데 아까부터 이상한 점이 있다. 이장님은 어재연 장군을 '우리 어재연 장군'이라고 부른다.

"이장님, 혹시 존함이 어떻게 되시나요?"

"어홍선입니다."

이런, 이장님의 존함을 여쭤보니 이분 역시 '어'씨다. 어재연 장군과 한 일가란다. 어쩐지 다부진 체격과 눈빛에 군모까지 장군의 후예답다.

"이장님은 어떤 일을 하시나요?"

"저는 학생들에게 검도를 가르치고 있습니다."

범상치 않은 카리스마의 산성리 이장님. 역시 핏줄이라는 것은 무시할 수 없나보다.

마을 입구에는 연못 두 개가 위아래로 배치돼 있는데 좀처럼 보기 힘든 형태다.

"이장님. 이곳 연못은 좀 특이하네요. 무슨 사연이라도 있나요?"

"네, 이 연못을 쌍충연이라고 하는데, 저희 가문의 상징이 바로 물고기입니다.

한자로도 물고기 어(漁)를 쓰는데, 이렇게 연못 두 개를 만들어서 어재연 장군과 동생인 어재순 할아버님을 기리고 있습니다.”

마을 입구에 있는 충장사에서는 장군 형제의 위패는 물론 장군과 함께 싸우다 죽은 49명의 부하들 위패도 따로 모시고 있다고 한다. 유림에서는 장군 형제만 기리기 때문에 어씨 문중에서 이 이름 모를 49인의 영웅들의 제를 함께 지내는 것이다.

‘로컬푸드’라는 것이 있다. 로컬푸드는 그 지역에서 생산된 농산물을 이른다. ‘로컬푸드 운동’은 그 지역의 농산물을 그 지역 사람들이 소비할 수 있도록 하는 운동인데 비슷한 개념으로 나는 ‘로컬 히스토리 운동’을 추진하고 싶다. 영어라 거부감이 든다면 ‘지역 역사 찾기 운동’으로 표현해도 괜찮다. 가까운 지역의 음식을 먹으면서 자기가 살고 있는 지역의 자연과 하나의 사이클을 이루며 더욱 건강해지듯이, 자신이 살고 있는 지역의 역사적 인물과 관련된 곳이나 역사 유적을 직접 찾아가서 느끼고 공부하면 지역에 대한 자부심은 물론 지역을 더 잘 이해할 수 있을 것이다.

언젠가부터 역사를 부정하며 희화화하는 일들을 볼 수 있다. 이는 제대로 된 역사 교육의 부재에서 일어난 일이라고 생각한다. 역사 교육을 지금보다 더 강화하고 질적으로도 더 충실하게 해야 한다. 같은 흐름에서 지역 역사 유적이나 인물을 탐방하는 역사 교과를 만드는 건 어떨까 싶다. 지역의 역사를 느끼다 보면 지역과 역사를 더욱 사랑하게 되지 않을까? 우리나라 전국 어디에도 역사 유적이 없는 곳은 없으니 커리큘럼을 짜는 것은 어렵지 않을 것이다. 심도 있게 고려해볼 일이다.

젊고 풍요로운 부래미 농촌체험마을

이천에는 유명한 농촌체험마을이 여럿 있는데 그중에서 부래미마을은 가장 오래된 체험마을이다. 부래미마을을 알게 된 지는 10년도 넘었다. 예전에 내게 배우는 아이들과 함께 농촌체험을 해볼 요량으로 인터넷 검색을 통해 알아본 적이 있다. 부래미마을에 직접 방문하기도 하면서 꼼꼼하게 준비도 했었다.

　부래미마을을 조사하면서 홈페이지에 회원가입을 하게 된 것이 2000년대 초반이니까 오래전의 일이다. 처음에 마을에서는 정기적으로 부래미 소식을 메일로 보내주더니, 어느샌가 끊겨서 다른 마을들처럼 농촌체험마을의 광풍이 불었다가 사그라든 거라 짐작했다.

　부래미마을을 다시 찾은 것은 지난해 가을이었다. 퇴근하면서 부래미마을에 대한 플래카드를 얼핏 보게 됐는데, 그 길로 집에 도착하자마자 부래미마을을 검색했다.

　'부래미 메뚜기 축제!' 홈페이지에 들어가보니 부래미마을은 여전히 살아 있었고, 펄떡펄떡 뛰고 있었다.

　중간고사가 끝나서 친구와 놀 거라는 아들에게 식사 시간과 이동 시간을 모두 포함해서 시간당 1500원의 막대한 알바비를 주기로 했다. 내 옆에 찰싹 붙어서 심부름하기로 약속하고 시간당 500원이나 올려준 것이다. 이렇게 아들을 힘들게 붙잡고 부래미마을로 향한다.

　메뚜기 축제는 부래미마을의 일 년 중에서 가장 큰 행사다. 축제 시작도 전일 텐데 마을 입구부터 여러 가족이 메뚜기를 잡고 있다. 메뚜기는 1980년대 초만 해도 들판 어느 곳에서나 볼 수 있었다. 그러나 언젠가부터 자취를 감췄다. 아마 농약을 많이 쓰면서부터가 아닐까 싶다. 메뚜기를 자주 볼 수 없는 요즘에도 농약을 쓰지 않는 곳에서는 심심찮게 발견할 수 있다. 부래미마을에서 메뚜기잡이 행사를 하는 것은 무농약 쌀을 재배하는 것에 대한 자부심의 표현이 아닐까 싶다.

　부래미 메뚜기 축제는 좀 더 특별하다. 메뚜기 잡기에도 스토리가 있다.

　가을걷이가 한창인 가을에 부래미마을에 메뚜기가 출몰하면서 마을 사람들은 시름에 빠지게 된다. 이에 마을 사람들은 임금님께 '메뚜기를 잡아오는 사람들에게 이천쌀을 나눠주어 메뚜기를 퇴치하자'는 상소를 올린다. 그래서 전국 각지에서 500명의 메뚜기 잡이 용병을 모집하게 되는데, 이들이 바로 축제에 참가 신청을 한 500명의 참가자가 된다.

　메뚜기 잡이 축제는 임금님 복장을 한 마을 이장님의 출발 신호로 시작하는데, 종료 신호와 함께 잡은 메뚜기를 제출하면 이천쌀과 바꿀 수 있다. 부래미 축제는 워낙 유명해서 사람들이 많이 몰리기 때문에 예약제로 운영한다. 메뚜기야 들판에 지천으로 널려 있어서 많이 와도 상관없지만 그보다 손님들이 먹을 돼짓국과 음식을 맞춰서 준비해야 하기 때문에 예약은 필수라고 한다.

축제 참가자에게는 무농약 쌀로 만든 뻥튀기는 무료로, 부래미마을 쌀과 천연재료로만 만든 식혜는 정말 재료비만 받는 가격으로 판다. 부래미마을 축제는 입과 눈이 풍족한 축제임이 틀림없다. 마을 안쪽에는 옛 농촌을 체험할 수 있는 다양한 체험장이 마련돼 있어 어릴 때 콩을 떨었던 탈곡기 등을 체험할 수 있다. 한참 사진을 찍고 있는데 옆에서 찰싹 붙어 있기로 했던 아드님이 안 보인다. 사진기 가방도 들어주고 사진도 찍어주기로 약속하고 알바비를 500원이나 더 올려받았던 아드님은 모든 걸 내게 맡겨두고 초등학생들 사이에서 뽑기 만들기에 여념이 없으시다. 게다가 커다란 덩치에 어울리지 않는 소녀 감성으로 메뚜기는 무섭다며 잡을 생각도 하지 않고 있다. 알바비는 도리어 내가 받아야 할까 보다.

부래미마을에는 메뚜기 축제만 있는 것이 아니다. 봄에는 딸기를 수확하고 여름에는 감자와 옥수수, 토마토 따기 체험을 할 수 있다. 가을에는 메뚜기 축제 외에도 포도와 배, 귤을 따면서 농촌을 체험할 수 있고 우리의 옛 문화도 체험할 수 있다. 천연염색과 도자 만들기 체험, 다육식물 심기, 짚풀공예도 즐길 수 있다. 거대한 느티나무와 함께 어재연 장군의 충절을 만나는 것은 물론 메뚜기도 잡고 가족이 먹을 진짜 친환경 이천쌀을 가져갈 수 있는 기회가 있는 이곳은, 이천시 율면의 산성리와 부래미마을이다.

14 | 마국산에서 만나는 옛사람의 향기

산내리 권균 묘역 소나무 | 대포동 불상

　오늘 찾을 곳은 산 안쪽에 깊숙이 자리 잡고 있어서 산내리라 부르는 동네다. 대한민국 웬만한 지역에는 산내리라는 동네가 하나씩 꼭 있다. 산내리 대신 '산안'이나 '안산동네'로 부르기도 한다. 산내리는 3번 국도에서 복하교를 지나자마자 우회전해서 20분쯤 이천의 논과 밭을 가로지르면 닿을 수 있다. 산내리로 달리는 길에는 울창한 플라타너스 가로수가 답사객을 맞아준다.

　플라타너스 길을 따라 산내리에 다다르면 마옥산의 언덕이 나온다. 언덕을 넘어가면 말 그대로 산 안쪽 동네 산내리다.

　"석재야, 우리 늙으면 산내리에 집 짓고 같이 살자."

　원두리에 사는 친구는 친구네와 우리 가족이 함께 이곳 산내리에서 살자고 했었다. 이유를 물어봤더니 그냥 포근하고 아늑해서 좋다는 것이다. 실제로 산내리는 아늑하다. 마옥산과 마국산이 마을 앞과 뒤를 병풍처럼 둘러싸고 있어서 언제와도 아늑함을 느낄 수 있다. 얼마 전에는 나라에서 산내리 서쪽의 마국산에 터널을 뚫어 중부고속도로 입구와 연결하겠다는 계획을 세운 적이 있었다. 취소됐기에 망정이지 연결됐더라면 더 이상 산내리도 아니고 아늑한 동네도 아니 될 뻔했다. 정말 잘된 일이다. 산내리는 이름 그대로 산 안에 아늑하게 있어야 할 마을이기 때문이다.

　마옥산 언덕을 넘어가면 마을 입구에 솟대가 보인다. 산내리의 솟대가 보이면 이제 본격적인 산내리의 시작이다.

　오늘 찾은 곳은 권균 묘역과 그 무덤을 지키는 소나무다. 나무는 예로부터 우리 민족과 함께해 왔다. 김정희의 세한도에 등장하는 것처럼 선비들에게 풍류와 지조의 대상이 되기도 했고, 소나무 중에는 정이품송과 같이 벼슬을 한 나무도 있다. 소나무가 지배층에게만 덕을 베푼 나무는 아니다. 다들 '똥구멍이 찢어지게 가난하다'는 말을 들어본 적이 있을 거다. 백성들은 보릿고개가 있던 시절 소나무의 겉껍질 속 얇은 속껍질인 '송기'를 먹으며 배고픔을 달랬다. 송기에는 단백

질과 당질 함량이 많아 허기를 채울 수 있었지만 많이 먹으면 엄청난 변비에 시달렸다고 한다. 가난한 집안일수록 송기를 많이 먹다 보니 그곳이 찢어진다는 이야기가 나왔던 것이다.

오늘의 주인공 권균 묘역의 소나무는 산지기처럼 묘역을 지키고 서 있는 아름다운 나무다. 날이 좋아서인지 소풍 나온 사람들이 소나무 아래 돗자리를 깔고 점심을 먹고 있다.

권균 묘역은 산내리 안쪽에서 마국산으로 이어지는 산기슭에 기다랗게 조성돼 있다. 맨 위쪽에는 권균의 선조가, 아래쪽에는 권균과 그 후손이 모셔져 있다. 묘역 옆에는 쭉쭉 뻗은 적송이 묘역을 지키고 서 있고, 묘역의 앞은 잘생긴 소나무가 문지기처럼 500년 동안 지키고 있다. 묘역 앞쪽으로는 작은 연못이 조성돼 있다.

500년 동안 권씨 문중의 후손들은 산내리에 살면서 산내리와 묘역, 그리고 소나무를 지키고 있다고 한다. 권균 묘역의 안쪽에 들어가려면 반드시 허락을 받아야 하는데, 다행스럽게도 묘역을 관리하고 계신 분이 내 중학 동창의 아버님이다. 권균의 15대손인 친구 아버님께서 답사를 함께해 주시기로 했다.

"아버님, 혹시 묘역 앞에 있는 연못은 문중에서 일부러 조성하신 건가요?"

장호원의 자점보나 백사의 연당, 내촌리의 연못처럼 풍수의 명당을 만들기 위해서 일부러 조성한 것 같아 질문을 드렸지만 생각지 못한 답을 하신다.

"저 연못은 문중에서 물고기를 길러서 여름에 동네 어르신들 대접하기 위해 만든 연못이에요."

3기가 나란히 있는 권균의 묘도 특이한데, 가운데 분봉이 한쪽으로 약간 치우쳐 있다. 멀리서 봐도 균형감이 떨어지는데 굳이 치우치게 만든 이유가 뭘까 싶어 아버님께 여쭸다.

"아, 가운데가 권균 할아버님이시고 가까운 왼쪽에 있는 봉분이 정실부인이시고, 약간 떨어져 있는 오른쪽은 두 번째 부인입니다."

지금의 사고방식으로는 부인이 둘이라는 것도 신기하지만 사후 세계에서도 본부인과 측실부인을 구분한다는 것도 재밌다. 측실부인은 살아서 첩이라는 콤플렉스에 시달렸을 텐데, 죽어서도 첩의 자리를 벗어나지 못하는가 보다. 참 피곤하고 불쌍한 운명이다.

권균은 중종 시절 좌찬성과 이조판서까지 지낸 인물이다. 성종 대에 벼슬길을 시작해서 연산군 시절에도 임금의 신임을 받았다고 한다. 중종반정에도 가담해 정국공신이 되면서 중종 대에도 승승장구하게 되는데, 이후 조광조 등에 의해 연산군 시절 아부했다는 이유로 탄핵을 받기도 했다.

묘역의 뒤쪽은 마국산이다. 마국산에는 골짜기 개수가 100개가 넘으면 영웅이 나타난다는 전설이 있다. 그러나 아무리 세어 봐도 골짜기는 100개에서 하나 모자란 99골이라고 한다. 그래서 영웅이 탄생하지 못한다는 것이 전설의 요지인데, 산속에서는 지금도 말들이 영웅장수를 기다리고 있다고 한다. 아버님께서 마국산에 대해 매우 흥미로운 이야기를 더해주신다.

"왜 있잖아요. 김신조가 남한에 넘어와서 청와대를 습격했잖아요. 그때 이후로 예비군이 생겼는데 모가면 예비군들도 맨날 마국산에 와서 진지를 만든다고 땅을 파곤 했었어요. 근데 진지를 팔 때 땅속에서 흙으로 만든 조그만 말들이 엄청 나오는 거예요. 그래서 생각했지요. '아, 이 말들이 장수영웅이 태어나면 탈 말들이구나' 하고."

"그럼 그 말들이 지금도 남아 있나요?"

"우리들은 그때 그런 걸 몰라서 그냥 근처에 버렸지요."

마국산의 영웅이 태어나면 그 영웅은 말을 타고 세상의 혼돈을 바로잡고 살기 좋은 대동세상으로 만든다고 한다. 아깝다. 전설에 의미가 부여될 수 있었는데 말이다.

만약 마국산의 골짜기가 하나 더 생기면 정말 영웅이 탄생할 수 있을까? 격동 아닌 시절이 없이 살아온 우리나라에 평화로운 세상이 찾아올 수 있을까? 그렇게 되기만 한다면 삽자루 하나 들고 내 평생 골짜기를 하나 만들어낼 수도 있겠다 싶다.

나는 권균보다 권균 묘소를 지키는 소나무와 후손들에게 더 관심이 간다. 권균 묘역의 소나무처럼 후손이 가까이 살면서 묘역을 지킨다는 것은 의미 있는 일이기 때문이다. 산내리에는 권균의 소나무와 후손들이 500년 동안 선조의 묘역을 지키고 있다.

대포동 불상의 발가락은 고왔다

산내리에서 나오는 길에 대포동이라는 마을을 만날 수 있다. 대포동에는 권균 묘역의 소나무처럼 오랜 시간 서서 마을 앞길을 지키고 있는 불상이 있다. 몇 십 년 전만 해도 대포동의 원래 이름은 대포리였다. 마을 이름이 바뀌면서 불상 이름도 대포리 불상에서 대포동 불상으로 바뀌었다. 행정 구역이 바뀌었으니 불상 이름도 바뀌는 것이 당연할지도 모르겠다.

그런데 이 불상은 이름만 바뀐 게 아니다. 불상의 모습도 확 바뀌었다. 아니, 불상의 모습이 바뀌었다니. 불상이 성형수술이라도 한 것일까?

대포동 앞마을에 사는 나는 자전거를 타고 큰길로 다닐 때 이 불상을 반드시 지나야 했다. 그때는 지금의 모습과는 좀 달랐다. 그때도 물론 커다란 모습을 하고 있었지만 허리 부분부터 드러나 있어서 답답해 보였다. 다들 그 모습이 원래의 모습이라고 생각했다. 특별할 것이 없는 불상이었다. 그러나 지금 불상은 땅속으로 실종됐던 하체를 훤하게 드러내놓고 있다. 실종됐던 하의는 보존도 잘 되어 있어서 옷깃까지 그대로 살아 있다. 더 놀라운 것은 발가락이다. 대포동 불상에 발이 있을 거라고는 전혀 생각을 못했다. 게다가 발가락까지 오밀조밀하게 온전히 남아 있다. 이렇게 아름다운 불상을 우리는 몇 백 년 동안 답답하게 가둬놓고 있던 것이다. 그러나 땅에 묻혔던 덕분에 생각지도 못한 아름다움을 만날

수 있다.

　대포동 불상의 온전한 이름은 '대포동 석조여래입상'이다. 이 석조여래입상의 머리는 육계가 볼록하게 튀어나와 있는데 마치 감투를 쓰고 있는 모양새다. '육계'라는 것은 부처의 정수리에 우뚝 솟은 혹 같은 것을 말하는데 이는 부처의 크고 높은 지혜를 상징한다고 한다.

　불상의 이마 가운데는 지름 10cm에 가까운 큰 백호공이 있다. 백호는 양쪽 눈썹 사이에 난 흰 털을 말하는데 무량세계를 비추는 빛을 의미한다. 예전에는 수정 등의 보석을 백호 자리에 끼워 놓기도 했는데 그 자리를 백호공이라고 한다. 현재 대포동 불상의 백호공은 비어 있다.

　대포동 불상은 높이가 3.6m에 달한다. 정상적인 인간 몸의 비율이었다면 하의를 드러냈을 때 적어도 5m 가까이 돼야 한다. 그러나 대포동 불상의 다리는 심하게 짧다. 일명 숏다리라고 할까.

　대포동 불상의 얼굴은 파손돼 있다. 아쉽다. 제대로 된 형상이었다면 분명 잘생긴 불상임에 틀림없을 텐데 말이다. 돌이 떨어져 나간 부분을 보면 누군가 인위적으로 훼손한 것으로 보인다. 대포리 불상은 대포동 불상으로 바뀌면서 키도 커지고 숨겨 놓았던 하의도 드러내놓고 있다. 발가락이 고운 대포동 불상은 시내에서 산내리로 오가는 길에 언제라도 만날 수 있다.

15 병자호란의 최종병기 활! 충숙공 박난영

충숙공 박난영 정려각 | 충숙공 묘역

누군가 내게 가장 행복한 시간이 언제냐고 물어본다면 미적거림 없이 아이와 함께 영화를 보는 시간이라고 말할 것이다. 주로 금요일과 토요일 밤 늦게 아이와 함께 영화를 보거나 프리미어리그를 보며 수다를 떨곤 하는데, 요즘은 그 시간을 즐기기 위해 친구들과의 주말 약속도 일부러 잡지 않는다.

아이는 외국영화 중에 폴 감독의 '본 시리즈'와 놀란 감독의 '배트맨 시리즈'가 최고였다고 말한다. 우리 영화 중에는 〈최종병기 활〉이 가장 재밌었다고 하는데 나 역시 아이와 생각이 비슷하다. 허나 최종병기 활은 재미로만 볼 수 있는 영화가 아니다. 나는 영화를 보는 내내 안타까운 감정을 떨칠 수 없었다. 이 영화를 이해하려면 일단 병자호란 당시의 상황을 알아야 한다.

400여 년 전 병자호란 전후로 돌아가보자. 무능했던 선조의 시대가 지나고 광해군이 왕위에 오른 것은 17세기 초반이었다. 광해는 임진왜란으로 인해 황무지가 된 국토를 개간하고 피폐해진 민생을 돌보는 등 무너진 시스템을 바로 세우기에 바빴다. 이렇게 국가를 재건하는 과정 중에 새롭게 등장한 신흥강자인 후금에 대해 적대적인 정책을 펼 수 없었다. 광해는 실리외교라는 이름으로 후금을 자극하지 않고, 명과 후금의 고래싸움에 끼어들지도 않았다. 명나라의 도와달라는 요구에도 그는 강홍립 장군을 따로 불러 유연한 대처를 지시하기도 했다. 여기서 유연한 대처라 함은 상황을 봐서 적당하게 싸우고 후금을 자극하지 말라는 것이었다.

광해군 시절 집권세력인 북인의 대척점에 있던 서인세력은 명나라를 배신하는 광해군의 외교정책과 인목대비를 유폐한 사건을 빌미로 반정에 성공하는 데 이를 '인조반정'이라고 한다.

인조반정으로 정권을 잡은 서인세력은 태생적으로 명나라를 섬기고 후금에 대해 적대적인 정책(친명배금정책)을 펼 수밖에 없었다. 이에 후금은 광해군 폐위와 조선의 정책 변화에 불만을 품고 조선에 군신관계를 요구하며 조선 정벌에 나서게 되는데 이를 '병자호란'이라고 한다.

병자호란이 발발하고, 남한산성으로 피해 갔던 인조는 항전했지만 결국 굴욕적인 항복의식까지 치르며 패전을 실감하게 된다. 잠실 삼전도까지 불려간 인조는 청 태종에게 세 번 큰절을 올리고 아홉 번 머리를 조아리는 '삼배구고두'의 예를 올렸다. 청 태종은 이렇게 말했다.

"지난날의 일을 말하려면 길다. 이제 용단을 내려왔으니 매우 다행스럽고 기쁘다."

청 태종의 용서의 말에 조선의 임금인 인조의 입에서는 자신도 모르게 이런 말이 터져 나왔다.

"천은이 망극하옵나이다."

영화 〈최종병기 활〉은 인조의 굴욕적인 항복에서 시작된다. 전쟁에서 승리한 청나라 군대는 조선의 왕세자와 왕실의 종친, 그리고 조선 백성들을 포로로 끌고 간다. 주인공 박해일은 사랑하는 여동생이 청의 군대에 끌려갔다는 것에 분노하며 여동생을 구하러 청군을 쫓기 시작한다. 이때부터 영화를 보는 관중은 몰입하기 시작한다. 박해일이 목숨을 걸고 구하려고 했던 여동생은 우리 민족, 그리고 우리들의 가족이었기 때문이다. 결국 박해일은 자신을 죽음으로 내몰면서 동생을 구해내는 데 성공한다. 주인공은 국가의 무능으로 인한 외교 실패와 전쟁 패배, 그로 인한 한 가족의 불행을 온전히 자신의 힘으로 해결하기 위해 목숨을 버린 것이다.

청군에 복수를 한 박씨부인처럼 〈최종병기 활〉의 또 다른 주인공 역시 이천에 있었다. 엄청난 활 기술로 문채원처럼 예쁜 여동생을 구하는 그런 이야기는 아니라 좀 밋밋하지만 자신이 처한 위치에서 최선을 다한 인물이다.

충숙공 박난영은 선조 때 면천군수와 창성부사 등을 지냈다. 광해군 때에는 강홍립을 따라 후금과의 전투에 출전해 포로가 되기도 했다. 그는 포로가 되어 적의 병영에 머물며 그들의 문화와 언어를 익히고 장수들과도 친교를 쌓게 되는데, 그런 경험을 살려 병자호란 때는 청과의 회담에까지 참여했다. 그리고 그의 불행은 시작됐다.

병자호란으로 한양까지 몰려온 청군은 조선이 이전처럼 화친을 원한다면 인조의 동생과 대신을 인질로 보내라고 요구했다. 이에 조정은 종친 중 한명인 능봉수를 왕의 동생이라 거짓으로 칭하고 형조판서 심집과 함께 적의 진영에 보낸다. 그러나 이는 최악의 선택이었다. 이미 정묘호란 때 비슷한 방식으로 속인 적이 있기에 청은 조선 정부를 믿지 않았다. 청은 회담을 조율했던 박난영에게 능봉수가 인조의 동생이 맞느냐고 물었다. 박난영은 한 치의 망설임도 없이 당연히 그가 왕의 동생이라고 대답을 했다. 그러나 청의 겁박에 두려움에 떨던 심집은 중압감을 이기지 못하고 사실이 아님을 실토했다. 박난영을 신뢰하고 있는 청의 대장군 마부대는 다시 한 번 박난영에게 진실을 물었다. 박난영은 다시 한 번 단호하게 그가 조선 왕의 동생임을 증언했다.

그러나 결국 심집의 실토로 박난영의 말이 사실이 아님이 밝혀지면서 박난영은 죽음을 맞는다. 왕의 동생을 살리고 조선을 전쟁으로부터 구하려던 박난영은 그렇게 사라진 것이다.

충숙공의 잃어버린 칼

오늘 찾는 곳은 바로 박난영 장군의 정려가 보관돼 있다는 정려각이다. 장군의

충숙공 박난영 정려각 | 충숙공 묘역

정려각이기에 안내가 자세하게 되어 있을 것으로 생각했다. 그러나 매곡리 어디에도 안내가 없다. 내가 알고 있는 정보는 장군의 정려가 매곡리에 있다는 것뿐이다. 동네를 두 바퀴나 돌아도 안내판도 없고 정려각 비슷한 건물도 없다.

다시 동네를 한 바퀴 돌고 마을 입구에 있는 집에 들어섰다.

"죄송한데 말씀 좀 여쭙겠습니다. 제가 박난영 장군 정려각을 찾는데요. 혹시 정려가….''

처음 인사를 할 때까지만 해도 거실 안에서 경계하듯 쳐다보던 어르신은 내가 '박난영'이라는 이름을 말하자 뒷말은 듣지도 않고 급하게 나온다. 버선발로 나온다는 말이 이런 건가 보다.

"제가 박난영 할아버님의 18대 후손 박성식입니다."

우연히 들른 집 어르신이 장군의 후손이라니. 게다가 정려까지 관리하신다고 한다. 답사 때는 항상 이렇게 운이 따른다.

"어르신, 유명한 장군의 정려각인데 안내판이 없네요."

잠깐이나마 고생한 게 생각나서 지나가듯 말했는데 어르신은 생각지도 못한 답을 한다.

"죄송합니다. 저희 후손들이 못나서 그렇습니다."

이때까지만 해도 어르신의 이런 대답을 과도한 겸손의 표현이라고 생각했다.

"인터넷을 찾아봐도 장군 정려에 대한 정보가 많이 없네요. 장군께서 좋은 일 하시다 돌아가셨는데 왜 문화재청에서 문화재로 지정을 안 하는지 모르겠습니다."

문화재청을 타박하는 말에도 어르신은 예의 그 대답이다.

"저희 후손들이 못나서 그렇습니다."

정말 이때까지만 해도 어르신의 이런 반응의 의미를 몰랐다.

정려로 가기 위해 정갈한 옷으로 갈아입고 나온 어르신과 함께 차를 타고 정려각으로 가는 길. 자동차로 1분이면 갈 수 있는 가까운 곳에 있다. 정려로 가는 오른쪽 산기슭에는 박난영 장군의 묘소가 있고 그 앞으로는 매곡리의 커다란 느티나무가 묘소를 지키고 있다.

매곡리 뒷산에 위치한 박난영 장군의 정려는 정려각에 모셔져 있다. 박난영 장군은 끝까지 절개를 지킨 공로로 숙종 원년(1675년) 영의정에 추증됐다. 영의정이라는 명예와 함께 숙종은 정려를 내렸고 후손들이 정려각을 만들어 정려를 보관하고 있다.

　다음은 정려의 내용이다.

　충신이며 대광보국 숭록대부 의정부 겸 경연 홍문관 관상감사 행 자헌대부 지중추부사에 추증되었으며 시호 충숙공의 정려이다. 숙종조 을묘년 11월 일에 명정되었다.

　보통 국가에서 내리는 표창인 정려는 종이나 나무에 글씨를 써서 내리는데 이곳의 정려는 까만 돌에 글씨가 새겨져 있다.

　"저희 후손들이 정려를 쓴 나무가 너무 낡아서 치우고 귀한 오석에 정려 내용을 그대로 새겨서 보관하고 있습니다."

　"그럼 나무 정려는 어디에 있나요?"

　"그건 저희가 보관하다가 분실했습니다. 저희는 정려보다 내용이 중요하다고 생각해서…."

충숙공 박난영 정려각 | 충숙공 묘역

어르신은 말을 잇지 못한다. 왜 이곳이 당국으로부터 문화재 대접을 받지 못하는지 알 수 있었다. 정려가 훼손됐어도 새롭게 새긴 정려보다는 원래 정려가 문화재적 가치가 뛰어난 법이다. 정려각도 최근에 중수한 것으로 문화재적 가치가 떨어진다. 왜 아까부터 어르신이 겸손한 이야기를 했는지 이해가 가기 시작한다.

정려각 옆에는 장군께 제를 지내는 사당이 있고 그 안에는 장군의 유품을 보관해 놓았다.

"어르신, 혹시 사당 안을 볼 수 있을까요? 안에는 어떤 게 보관돼 있나요?"

"사당 안에는 박난영 할아버님의 위패와 사용하시던 칼과 갑주가 보관돼 있습니다."

"진짜 장군의 칼과 갑옷이 맞으면 대박인데요? 충분히 문화재로 등재될 수 있을 것 같은데요?"

흥분해서 말했지만 다시 기운이 빠진다.

"근데 그게… 저희 후손들이 잃어버렸습니다."

이야기를 듣자니 6.25전쟁 뒤에 모두 분실됐고 이곳에는 장군의 칼집만 남아 있다고 한다. 만약 숙종이 내린 정려가 그대로 보존됐다면, 예전 정려각의 모습이 그대로 남아 있다면, 장군의 칼이 그대로 보존돼 있다면 더 많은 사람들이 찾아서 장군의 숨결을 만날 수 있었을 텐데 아쉽다. 표지판이 없는 이유를 알겠다.

아쉬운 마음에 정려각 밖으로 나와서 둘러본다. 이곳이 이천임을 증명하려는 듯 산수유나무 여러 그루가 보인다. 천천히 산책하면서 충숙공을 생각하기에 좋은 시골길이다. 사당 앞에는 큰 키의 매력적인 고욤나무가 서 있다. 마치 오래된 고욤나무가 장군의 잃어버린 칼을 대신해서 정려각과 장군의 사당을 지키고 있는 것 같다.

박난영 장군의 절개와 장군의 칼을 대신해 우뚝 서 있는 고욤나무를 만날 수 있는 곳은 호법면 매곡리의 박난영 장군 정려각이다.

04

우리를
설레게 하는
뜻밖의
답사여행

16
천연기념물
듀오와 함께 관람하는
야구장 산책

도립리 반룡송 | 신대리 백송 | 베어스파크 · 챔피언스파크

　우리나라에서 가장 많은 이름을 갖고 있는 물고기는 무엇일까? 아마 명태가 아닐까 싶다. 지금은 수온이 올라 러시아 쪽으로 도망가 좀체 보기 힘든 물고기지만 예전에는 겨울만 되면 지천으로 널렸던 물고기가 바로 명태다.

　얼리지 않고 말리지 않은 생태, 꽝꽝 얼린 동태, 겨울 바람에 얼고 녹기를 반복한 황태, 반건조 명태 코다리, 바짝 말려 제사상에 올리는 북어, 술안주로 일품인 명태 새끼 노가리, 3~4월에 잡히는 춘태, 산란철이 지나 살이 없이 푸석한 꺽태……. 잡는 방법에 따라 다시 수십 종류로 나뉠 수 있는 명태. 이렇게 물고기 하나에 다양한 이름이 존재한다는 것은 우리들에게 가장 친근하고 가장 가까이 있었다는 증거일 것이다.

　우리에게 명태 같은 나무가 있다. 명태처럼 다양하게 먹을 수는 없지만 명태보다 더 가까이에서 사계절 내내 함께했던 우리 민족의 소나무. 이 소나무도 명태만큼 지역과 품종에 따라 이름이 다양하다. 백두대간에 자라는 금강송, 속살이 빨간 적송, 궁궐 지을 때 사용하려고 심은 황장목, 나이테가 조밀하고 살결 고운 홍송, 껍질이 하얀 백송, 일제강점기 강원도의 소나무를 경상도 춘양지방을 통해 수탈한 데서 유래한 슬픈 이름의 춘양목, 바닷가에서 자라는 해송, 수피가 검은 곰솔, 옆으로 퍼져 자라는 반송…….

　소나무는 이렇게 오래도록 우리 민족의 사랑을 한 몸에 받아왔다. 오늘 찾아갈 나무 역시 이곳 이천 사람들의 큰 사랑을 받고 있는 백사면 도립리의 소나무 반룡송이다.

　반송은 옆으로 퍼져 자라는 소나무를 말하는데 도립리의 반송에는 특별히 '용'

자를 붙여 반룡송이라 부른다. 도립리의 반룡송은 말 그대로 옆으로 퍼지는 반송의 형태에 언제라도 용틀임하며 하늘로 올라갈 듯 기묘한 모습으로 비틀어져 있다. 게다가 용의 비늘처럼 붉은 수피를 가졌기 때문에 반룡송이라는 이름에 걸맞다고 생각한다.

10여 년 전에 아들과 함께 처음 이곳을 찾았을 때 반룡송에 대해 설명했더니 아들은 다른 이천9경보다 이곳 반룡송에 가장 큰 기대를 가졌었다. 방문했을 때 기이한 형상의 줄기를 보고 입을 다물지 못했으니 기대만큼 만족을 했던 것으로 기억한다.

반룡송에도 오랜 유래가 있다. 신라 말 도선대사는 전국을 돌며 풍수의 길지에 소나무를 손수 심었다고 한다. 함흥과 서울, 계룡산, 강원도에 각각 한 그루씩 다섯 그루를 심었다고 하는데, 이곳 반룡송도 그 중 하나라고 전해진다. 반룡송의 수형은 좀처럼 보기 힘든 형태고 입에서 입으로 전해지는 유래담도 가치가 있어서 도립리 반룡송은 일찍부터 천연기념물 제381호로 지정됐다. 도선대사가 활동하던 시대는 지금부터 1100년 전이지만 소나무의 나이를 추정해보면 길게 잡아도 300~400년에 불과하다. 그러나 전설이 정확히 남아있는 점, 그리고 조선 최고의 풍수가였던 박상의도 반룡송 근방을 명당터로 꼽았다는 점에서 신빙성이 있지 않나 싶다. 사람들은 이 나무가 도선이 심은 나무의 손자뻘 된다고 말하기도 한다. 어찌 됐든 도립리 반룡송은 전설이 아니더라도 나무 형태와 수피, 그리고 나무 자체만으로 사랑할 만한 멋진 나무임에 틀림없다.

추사가 사랑했던 하얀 소나무, 신대리 백송

조선시대의 사대부들은 중국 문물에 대한 로망이 있었다. 새로 발간된 서적부터 우리나라에서 나지 않는 약재까지 들여오고 싶은 물품도 많았다. 폐쇄적인 무역구조 탓에 직수입은 어려웠지만 간혹 사신으로 다녀오면서 많은 책과 물건들을 가지고 오기도 했다. 사신으로 갔던 사대부들은 특이한 나무도 가져왔다. 바로 조선에서는 자생하지 않던 백송이다. 많은 사람들이 중국에서 몰래 들여와 심었지만 크게 자란 백송은 손에 꼽는다.

추사가 가장 사랑했던 나무 역시 백송이었다. 조선의 21대 왕이었던 영조는 가장 아끼던 둘째 딸 화순옹주를 김한신에게 시집보내는데, 김한신은 추사의 증조부다. 영조는 사랑하는 딸을 위해 집을 마련해주면서 백송을 뜰에 심었다. 어린 시절을 이곳에서 보냈던 추사는 자연스럽게 백송에 매료됐을 것이다. 이후 추사가 중국에 사신으로 갔을 때 백송 한 그루를 갖고 돌아와 그의 거처였던 예

산에 심었다. 추사가 심은 예산 백송은 현재 천연기념물 제106호로 지정돼 있다. 추사가 유배 시절 그린 세한도를 보면 추사의 마음을 담은 백송이 모델이 되지 않았을까 싶다.

지금은 백송이 흔해졌지만 예전에는 발견되는 즉시 천연기념물로 지정될 정도로 귀했다. 백송은 중국 풍토에서는 쉽게 자라지만 우리 환경과는 맞지 않나 보다. 추사의 예산 백송 역시 수세가 많이 약해진 걸 보면 말이다.

이천에도 백송이 있다. 나이로 따지면 추사가 옮겨 심었다는 백송과 비슷할 것이다. 이 백송에 대해 정확한 내력을 아는 사람은 없지만 아마 조선 후기 민달용의 무덤을 조성할 때 함께 심었을 것으로 짐작하고 있다. 민달용은 서장관으로 청에 다녀온 적이 있는데 그때 묘목을 구해 와서 심지 않았을까 싶다. 신대리 백송은 무덤가 비탈진 곳에서 자라고 있다. 소나무 바로 앞까지 민가가 들어서 있어 백송을 편하게 조망하기가 쉽지 않아 아쉽다. 옛날에는 백송의 하얀 껍질이 영험한 약이 된다는 속설이 퍼져서 한동안 사람들이 밤에 몰래 찾아가 벗겨가기도 했다고 한다. 시련을 겪었던 나무지만 신대리 백송은 우리나라의 어떤 백송보다도 더 힘차게 줄기를 하늘로 뻗고 있다. 수형도 아름다워 아래쪽에서 하늘을 향해 줄기를 바라보면 이루 말할 수 없는 감동마저 느껴진다.

백송의 감동과 어린 아들과의 추억이 있는 이곳은 백사면 신대리다.

요즘 소나무재선충병으로 우리들이 아끼는 소나무가 백척간두의 벼랑 끝에 몰려 있다. 소나무는 우리 민족과 오랜 세월을 함께해 온 우리들의 나무다. 끈질기게 살아온 우리 민족처럼 우리 소나무도 잘 버티고 견뎌내서 부디 남산 위의 저 소나무를 포함한 우리 소나무들이 다시 온 국토를 푸르게 덮길 바란다.

백사면이 자랑하는 천연기념물 나무를 봤다면 이젠 백사면에서 프로야구 경기를 즐겨보자. 시골 동네에서 무슨 프로야구냐고 생각할지 모르겠지만, 이천에서는 프로야구 경기와 연습이 시즌 내내 펼쳐진다.

이천 지역은 오래전부터 두산베어스 팬들이 많았다. 이유는 단순하다. 프로야구가 시작될 무렵부터 베어스 모 기업의 맥주공장과 2군 경기장이 이천에 있었기 때문이다. 크지 않은 동네에 베어스를 좋아하는 사람들로 구성된 사회인 야구팀이 있을 정도니 그 인기가 어느 정도인지 짐작 간다. 나 역시 프로야구 원년부터 베어스의 열혈 팬이라 유니폼부터 장비까지 베어스로 도배했다. 아들 역시 아빠를 닮는다고 베어스에 대한 팬심은 아빠를 능가한다.

두산베어스 2군 경기장은 반룡송에서 멀지 않다. 걸어서 갈 수 있을 정도다. 우리집에서도 가까워 아들과 나는 시간 날 때마다 두산베어스 2군 경기장에 들러 무료로 관람하는 호사를 누리고 있다. 그런데 이보다 더 큰 행운이 찾아왔다. 바로 베어스의 2군 경기장이 베어스파크라는 이름으로 새롭게 단장을 해서 개장한 것이다. 베어스파크는 파크라는 이름답게 공원 형태로 설계돼서 경기 관람과 함께 산책까지 즐길 수 있다.

선수들을 가까이서 볼 수 있다는 것과 함께 가장 마음에 드는 것은 역시 나무다! 시원시원하고 단풍이 예쁜 대왕참나무며 칠엽수에 간간이 계수나무를 함께 식재해 산책하는 사람의 마음을 기분 좋게 한다. 더욱 재밌는 점은 팽나무를 중심으로 나무를 배치했다는 점이다. 개인적으로 베어스의 묵직하고 고풍스러운

멋을 그대로 느낄 수 있는 나무가 바로 팽나무라고 생각한다.

팽나무 아래에서 예측하기 힘든 방향으로 뻗어 가는 가지의 모습을 보고 있으면 마법사 숲의 주인공 같다는 생각이 든다. 팽나무의 고풍스러움으로 인해 베어스파크는 미국 메이저리그 시카고 컵스의 리글리 필드처럼 느껴진다.

경기장 외야에는 백사면의 상징인 산수유나무를 산책로를 따라 식재해서 이곳이 이천 백사면의 산수유마을이라는 것을 다시금 실감케 한다. 계획적인 조경을 통해 팀의 분위기는 물론 이천의 지역성까지 담아낸 완벽하고 재밌는 아이디어로 가득한 구장이다.

내 마음을 감동시키는 곳은 벚꽃동굴길이다. 2군 선수들의 꿈은 1군 등록과 주전으로 뛰며 팬과 만나는 것이다. 2군 경기가 끝나고 경기장에서 숙소로 이어진 길로 선수들이 걸어서 이동하는데, 그 길에 벚나무가 조성돼 있다. 선수들은 흩날리는 벚꽃을 보면서 꽃보다 더 화려한 내일을 꿈꿀 것이다. 벚꽃길이 끝나는 곳에서 한 선수를 만났다. 트레이드로 베어스로 들어온 선수인데 엄청난 체격에 험상궂은 얼굴을 하고 있어 쉽게 다가가기 어려웠지만, 아들이 함께 사진을 찍자고 하니 순한 양의 모습으로 아들 옆에서 사진을 찍어줬다.

2군 관람 이틀 뒤에 놀라운 일이 벌어졌다. 아들과 함께 사진을 찍은 선수가 1군에 등록돼 대타로 출전하게 됐는데 무려 3타수 3안타에 홈런까지 기록하게 된 것이다! 베어스파크의 벚꽃이 그를 응원해주었기 때문이 아니었을까?

베어스의 영원한 라이벌 팀은 트윈스다. 같은 서울을 연고로 하고 있기 때문에 팬들 간 라이벌 의식이 대단하다. 그런데 믿기 힘든 소식이 2013년에 들려왔다. 구리에 있던 트윈스 2군 경기장이 이천시로 내려온다는 소식이었다.

베어스 팬들과 트윈스 팬들 사이에는 악감정까지는 아니어도 미묘한 감정의 갈등이 있다. 내 주변의 트윈스 팬들과도 가끔 마찰이 생기기도 하는데, 이런 악연은 어김없이 이어지고 있다. 얼마 전 챔피언스파크에 방문했을 때도 그랬다. 사전에 분명 구장 관계자에게 방문 허락을 받고 아들과 함께 구장을 방문했는데 근무자들은 담당자와 얘기된 것이 없다면서 문전박대를 하는 것이었다. 아들과 내가 베어스 골수팬이었다는 것을 알았던 걸까?

2014년 여름 개장을 한 트윈스의 2군 경기장 이름은 챔피언스파크다. 경기장과 부대시설 규모만 놓고 비교한다면 베어스파크보다 약간 우위에 있음을 느낀다. 관람자 친화적인 구조도 좋고, 여러 개의 야구장도 칭찬할 만하다. 아쉬운 점이 있다면 파크라는 이름에 맞지 않게 식재돼 있는 나무들이 단순하고 산책 코스도 밋밋하다는 점이다.

추켜세울 만한 부분은 바로 울타리나무다. 생울타리는 보통 쥐똥나무나 회양목을 이용하는데 챔피언스파크는 요즘 생울타리계의 떠오르는 나무인 화살나무로 조성했다. 화살나무의 가지는 말 그대로 화살 깃을 닮아 있다. 화살나무의 특이한 줄기를 처음 발견한 아이들은 신기해서 한동안 떠날 줄을 모른다. 화살나무는 단풍도 빨갛게 물들어서 가을에 보면 훨씬 더 아름답다. 가을 야구를 꿈꾸는 트윈스의 붉은 열망을 화살나무가 대신 말해주는 듯하다.

곰을 상징하는 팽나무의 아름다운 베어스파크와 트윈스를 상징하는 빨간색 화살나무의 챔피언스파크가 이천에 있다는 것만으로도 기분이 무척 좋아진다.

이번 주는 베어스와 트윈스 어느 구장으로 산책을 갈까? 아들과 함께 행복한 고민을 해본다. 트윈스와 베어스는 서울 라이벌이 아니라 이젠 이천의 라이벌로 불려야 마땅하다.

17
꽃 지고 난 뒤에
더 아름다운
이팝나무 산책길
시골길 산책 | 뒷내개울 | 어농성지

시골 마을은 70~80년대를 거치며 옛 모습이 많이 바뀌었다. 시골길은 모두 시멘트로 포장됐고, 운치 있는 생울타리 담장도 벽돌 담장으로 바뀌었다. 사람의 손이 덜 가게 바뀌어서 편하고 깔끔하긴 하지만 건조하고 일률적인 모습 때문인지 옛 모습이 그립다. 그러나 시골길만의 서정은 조금 남아 있어서 시골길 산책은 나름 재미있다. 시골집 아주머님들이 가꾼 정원 구경도 재밌고, 시골집 담벼락에 기대어 자라는 과실수를 구경하며 걷는 것도 재밌다.

시골 어머님들은 울긋불긋 화려한 색을 좋아하신다. 몸빼라고 부르는 펑퍼짐한 바지도 어두운 색보다 화려한 색을 선호하신다. 그래서 아직 꽃이 피기 전에 어머님들께서 몸빼를 입고 모여서 일이라도 하는 날이면, 밭은 말 그대로 화사한 몸빼의 꽃밭이 된다.

시골집 마당 한편에 심는 꽃 역시 화려한 빛깔을 좋아하신다. 그래서 봄의 시골집은 철쭉으로 빨갛게 물들고 초여름에는 장미꽃이 활짝 피어난다. 시골 어머님들은 샘도 많아 어느 집이 좀 특이한 꽃을 심었다는 소식이 전해지면 이듬해는 영락없이 그 꽃이 여기저기에 피기 시작한다.

어머님이 화단에서 가장 좋아하는 식물은 철쭉이 아니다. 화려한 꽃나무도 아니다. 어머님을 비롯한 우리 가족이 가장 사랑하는 나무는 사철나무다. 사시사철 푸른빛을 잃지 않는 사철나무는 언제나 우리 집 조경의 중심에 있었다.

사철나무는 쥐똥나무, 회양목, 철쭉과 함께 울타리나무로 주로 심는다. 그래서 사철나무 하면 커다란 나무가 아니라 울타리에 작게 자라는 나무를 떠올리게 된다. 그러나 우리 시골집의 사철나무는 100년 가까이 된 큰 나무다. 수형도 멋

지다. 대여섯 개의 가지가 서로 기대며 커다랗게 자라고 있다. 30여 년 전만 해도 동네 할머님들은 봄만 되면 사철나무 밑동 근처에서 자라는 뿌리 붙은 사철나무 가지를 뽑아 갔다. 당신들 시골집의 울타리에 심으실 요량이었다. 동네 사철나무의 대부분은 이곳 시골집에서 퍼져 나갔다. 또 자식이나 손주들이 결혼할 때는 사철나무의 잎을 따 갔다. 결혼식 때 사철나무의 잎을 준비하면 사철나무처럼 변치 않고 오래 사랑하면서 살 수 있다는 미신 때문이었다. 이렇듯 사철나무는 우리 시골집의 자랑이다.

이런 내력을 모르는, 외부에서 온 한 조경업자는 처음에 시골 노부부를 떠볼 요량으로 나무 주위가 지저분하다며 싼값에 캐 가서 깔끔하게 콘크리트를 발라 주겠노라고 기세 좋게 이야기한 적이 있다. 당연히 부모님께서는 콧방귀도 뀌지 않으셨다. 그리고 얼마 뒤 방문한 조경업자는 엄청난 현금을 내밀며 팔라며 부탁을 했다고 한다. 부모님께서 점잖으신 분이라 정중하게 거절했지만, 나와 동생이 있었다면 한소리 들었을 것이다. 시골집 사철나무는 주인 잘못 만났으면 하마터면 부잣집 정원의 한 구석에서 어울리지 않는 인생을 살 뻔 했다. 사철나무는 지금처럼 시골집 도랑 옆에서 있는 듯 없는 듯 서 있을 것이고, 이곳에서 일생을 살아갈 것이다.

시골집의 빼놓을 수 없는 재미 중 하나는 과실수다. 시골집의 과실수들은 언제나 담에 기대어 자라며 옆집 과일은 너나 구분이 없다. 그래서 여름부터 가을까지 입이 심심할 때가 없었다. 대추나무, 매실, 복숭아, 감, 앵두, 살구나무…

시골에서 가장 흔하게 볼 수 있는 나무는 감나무다. 감나무는 흔히 문무충효절(文武忠孝節)이 있는 나무라고 하는데 여기에 슬쩍 두 가지를 더 붙여도 될 것이다. 가을에 옆집 몰래 감을 서리하는 재미인 희(喜)도 있고, 바로 먹지 않고 기다리면 더 큰 즐거움을 얻을 수 있는 곶감의 성(成)까지 담긴 감나무. 어찌 사랑하지 않을 수 있을까. 시골집에는 먹는 즐거움까지 가득하다.

나는 시골집 나무와 과실을 구경할 수 있는 시골집을 사랑한다. 가끔 시골길을 산책해보는 것을 추천한다. 경계 어린 눈빛으로 쳐다보는 어르신께 살갑게 인사하며 걸어보자. 다들 열린 마음으로 맞아 주실 것이다. 그러나 마을 좁은 길에 차를 몰고 들어가지는 말자. 거의 대부분의 시골 마을은 마을 입구에 마을회관이 있으니 마을회관 마당에 주차를 하고 따뜻한 인사와 함께 시골길 산책을 해보자. 도시와는 다른 정다운 매력에 마음이 포근해질 것이다. 벼가 누렇게 익고, 감이 탐스럽게 달린 가을이면 더욱 좋을 것이다.

사철나무집 뒤쪽으로 조금만 올라가면 작은 언덕인 장등이 나온다. 우리 동네에서는 장등 너머를 늠말이라 부른다. 늠말, 늠말, 늠말…. 언제 불러도 정겹다. 어떤 학자는 늠말을 '넓은 마을'을 줄여서 부르다 바뀐 말이라고 하는데 내 생각은 다르다. 우리 마을의 늠말은 고개 너머에 있다. 그래서 늠말이라고 부른다. 그러니 늠말은 '너머 마을'의 준말이 아닌가 싶다. 너머마을, 넘마을, 넘말, 늠말로 바뀐 것 같다.

신갈리 늠말에는 친구가 산다. 그 친구는 요리를 잘한다. 어릴 때부터 잘했다. 시골 아이들은 어릴 때부터 아이들끼리 근처 개울가 같은 곳으로 자주 놀러 다니는데 우리는 그 놀이를 천렵이라고 불렀다. 물놀이를 하다가 지쳐 배가 고프면 물고기를 잡아 음식을 해서 먹었다. 이름보다 넙죽이라는 별명으로 불리던 친구는 어려서부터 생선국수를 잘 끓였다. 우리가 붕어나 모래무지, 미꾸라지 등을 잡아 오면 친구는 준비해 온 양념과 물고기로 국물을 내고 마른 국수를 넣어 맛있게 끓여 냈다. 지금 기억하는 천렵에 대한 기억의 절반은 친구의 생선국수가 차지한다.

그 친구의 어머님은 늠말에서 생선국숫집을 하신다. 당연히 친구보다 수십 배는 더 맛있게 하신다. 그렇게 맛있는 국수는 먹어본 적이 없다. 얼마 전 MBC 프로그램 〈찾아라 맛있는 TV〉에 친구네가 나온 적이 있다. 친구네 생선국수를 포함한 이천의 음식점 네 군데가 이천 최고의 음식 후보에 올랐다. 유명한 요리사 세 명이 몰래 식당을 찾아가 맛을 본 뒤 최고를 뽑는 방식으로 프로그램이 진행됐는데, 세 명 모두 어머님의 생선국수를 으뜸으로 꼽았다. 당연한 결과다. 우리는 예전부터 알고 있었다. 방송에 나가는 바람에 이제 편히 먹기도 힘들어졌다.

보통 사람들은 친구 집에서 생선국수를 주문하지만 우리들은 좀 다르다. 주방 뒤쪽에서 일하는 친구의 형에게 따로 '천렵 다닐 때 먹던 옛날 국수'를 주문하면 고추장 양념에 소면을 그대로 넣은 진짜 옛날 생선국수를 해주신다. 옛날 개울가에서 먹던 그 음식이 그리운 사람들을 위한 팁이다.

친구네 생선국숫집은 신갈리 늠말에 있다.

늠말에서 5분만 걸으면 개울을 만날 수 있다. 남한강으로 흘러가는 복하천의 한 지류인데 우리는 마을 뒤편에 있어서 뒷내개울이라고 부른다. 뒷내개울에는 천렵의 추억이 있다. 뒷내개울은 흔히 볼 수 있는 그런 개울이지만, 매우 서정적인 곳이다. 적어도 콘크리트 포장이 깔리기 전까지는 그랬다.

개울가에서는 달이 뜨면 핀다는 달맞이꽃을 낮에도 볼 수 있고, 흔하디 흔한 둥근잎유홍초와 메꽃, 왕고들빼기, 익모초 등의 야생화도 볼 수 있다. 폭 20m, 길이 5km도 넘는 뒷내개울은 여름만 되면 야생화와 풀들의 밀림으로 변해 접근하기도 힘들 정도다.

뒷내개울의 참맛은 여름날의 늦은 밤이다. 여름밤의 뒷내개울에는 반딧불이가 지천으로 날아다닌다. 나는 한밤에 친구와 함께 걷는 그 길을 좋아했다. 지금은 개울 옆에 고속도로가 뚫려 조용함과는 거리가 멀지만 어릴 때 보던 반딧불이는 여전하다.

뒷내개울을 따라 더 위로 올라가면 어농리와 두미리가 나온다. 근방 사람들은 어농리에 천주교 성지가 있다는 것을 모두 알고 있다. 그러나 성지에 최고의 산책길이 있다는 것은 잘 모른다.

예전에 교황이 우리나라에 다녀가신 적이 있다. 나와 아내는 성당에 다니지 않지만 교황을 꼭 뵙고 싶었다. 그러나 워낙 인기 있는 분이라 먼발치에서도 보기 힘들 걸 알고 꿩 대신 닭이라는 생각에 어농성지로 향했다.

어농성지는 순교한 성직자와 교인을 위해 조성한 성지다. 천주교에 대해 비교적 온건한 정책을 펴던 정조가 죽고 그의 아들 순조가 어린 나이에 왕에 오르면

서 대왕대비인 정순왕후가 수렴청정을 하게 됐다. 정순왕후는 영조의 계비다. 정순왕후는 영조의 아들이었던 사도세자보다 열 살이나 어렸기에 사도세자와 갈등이 심했다고 한다. 정순왕후는 정조의 상을 끝내자마자 사도세자에 동정적이던 시파 인물들을 숙청하고 이듬해 천주교를 탄압하는데, 이 사건이 바로 '신유박해'다.

이곳 어농성지에서는 을묘박해와 신유박해 때 순교한 열일곱 분을 모시고 있다. 성당을 다니지 않는 사람이라도 이곳 어농성지에 오면 경건한 마음을 느낄 수 있다. 은은하게 울리는 성가를 들으며 산책할 수 있는 길도 여럿인데, 산책길 가운데 '십자가 길'에서는 예수가 십자가를 메고 고통 속에서 걸었던 그 마음을 떠올리며 걸을 수 있다.

그래도 역시 어농성지의 하이라이트는 이팝나무 동굴길! 이곳 어농성지에는 성당부터 성인들의 묘역까지 이어진 좁은 길 양옆으로 이팝나무 동굴길이 조성돼 있다. 비 내리는 여름날 동굴길을 처음 걸었을 때의 감동은 정말 잊을 수가 없다. 이렇게 무성한 이팝나무 길을 본 적이 없던 터라 처음에는 어떤 나무인지 짐작하기 힘들었다. 용기를 내 성지를 가꾸는 분께 여쭤보니 이팝나무가 맞다고 한다.

이팝나무의 진짜 매력은 꽃피는 봄보다는 여름이라고 생각한다. 한여름, 이팝나무 동굴길을 걸으면 눈과 마음이 초록색으로 촉촉하게 스며들 것 같다. 표현이 진부하지만 여름에 이곳을 걸어보면 이해할 거라 생각한다.

이팝나무는 어릴 적에는 보기 힘든 나무였다. 주로 남부지방에서 자라는데 요즘에는 중부지방에서 가로수로 가끔 심기도 한다. 이팝나무는 원래 이밥나무라고 불렸는데 음이 바뀌면서 이팝나무라 불리게 됐다. 왕족 이씨들만 먹을 수 있었던 밥이라는 뜻에서 이밥이라 부른 것이다. 그러니까 이팝나무는 쌀밥나무라는 의미인데, 벚꽃보다 더 화려하게 피는 이팝나무를 보면 머슴밥처럼 흰 쌀밥을 그릇 가득 담아 놓은 모습이다. 입하 무렵에 피는 꽃, 입하 꽃 이팝 꽃. 예전에는 이팝나무로 한해 농사의 점을 치기도 했다. 이팝나무 꽃이 활짝 피면 그 해의 농사는 풍년을 이룬다는 속설을 갖고 있었기 때문이다.

이팝 꽃은 또한 하얀 국수면발을 한 다발 묶어 놓은 모습으로 보이기도 한다. 나는 지금 아이들을 가르치고 있지만 언젠가 국숫집 주인이 되어서 이팝 꽃 같은 하얀 면발을 뽑아 걸고 국수를 삶고 싶다.

봄에는 꽃이 아름답고 여름엔 푸른 신록이 일품인 이팝나무 동굴길을 걸을 수 있고, 물 좋은 테르메덴 온천에서 가족과 함께 물놀이를 즐기고, 천렵의 추억이 담긴 최고의 생선국수도 먹을 수 있는 이곳은 모가면의 신갈리와 어농리의 어농성지다.

18 아기부처와 함께 걷는 산책길

원두리 향나무 | 소고리 마애여래좌상

문제 한 번 풀어보자. 진지하게 내보겠다.

Q. 세계에서 가장 오래된 나무는?

사실 정확한 답을 알 수 없다. 미국의 어떤 소나무는 5000년 가까이 살았다고 한다. 유럽의 가문비나무였나? 그 나무는 1만 살 가까이 됐다고 한다. 일본도 만만치 않다. 일본에서 가장 오랜 나무는 3~4000살가량 됐다고 하는데 선사시대인 조몬시대부터 살았던 나무라고 해서 조몬스기라고도 부른다.

우리나라에서 가장 오래된 어른 나무는 어떤 나무일까? 겉모습으로 본다면 양평 용문사의 은행나무나 원주 문막의 은행나무 정도가 유력해 보인다. 하지만 실제 가장 오래된 나무에 비하면 이들 나무는 손자뻘도 되지 않는다.

정답은 바로 울릉도 향나무다. 울릉도 향나무는 도동항이 내려다보이는 곳에서 자라고 있다. 한 조사에서 이 나무의 수령이 2000년이라고 발표했는데 예수님과 비슷한 시기에 태어난 셈이 된다. 그런데 얼마 전 산림청에서는 2500년이라는 수치를 내놓기도 했다. 그렇다면 이 나무는 석가모니와 같은 시기에 태어났다고 볼 수 있다. 일부에서는 향나무의 수령을 4000년 이상으로 보기도 하는데, 그렇게 되면 울릉도 향나무는 단군 할아버지와 친구를 먹을 수도 있겠다 싶다.

오늘 찾을 곳은 원두리 향나무다. 울릉도 향나무에 비하면 아기나무지만 이곳 향나무도 꽤 나이가 들었다. 향나무가 있는 원두리는 이름이 특이하다. 원두3리에 사는 친구에게 원두3리가 아니라 '원두쓰리'라고 놀리던 그 동네다.

원두리에는 이름에 대한 내력이 있다. 예전, 어른들은 고려시대라고 말하는 그 옛날 원두리 향나무가 있던 곳 옆에 주막이 있었다고 한다. 그 주막은 원하는 만큼 먹고 자신이 원하는 만큼 돈을 내고 가던 곳이었다. 지금으로 따지면 '무인 카페'쯤 되지 않을까 싶다. 그 '무인 주막', '셀프 주막'에서 원하는 만큼 돈을 냈다 해 원두리라고 부르게 됐다고 전한다.

앞에서 2000년이니 5000년이니 하며 높은 단위를 이야기했던 탓에 500년이라는 원두리 향나무의 나이는 적어 보이지만, 나이에 비해 이곳 향나무의 수형과 가지는 장쾌하게 뻗어 나간다.

원두리 향나무는 500여 년 전에 진천 송씨가 이곳으로 이주하면서 가문이 번

창하기를 바라는 마음에서 심었다고 전해진다. 이곳 원두리 향나무는 장천리의 향나무처럼 나무 옆에 우물이 있다. 진천 송씨 일가가 나무를 심고 팠다고 하는데 물맛이 좋고 차서 근방 사람들이 일부러 이곳에 와서 물맛을 보기도 했단다. 지금은 수도가 연결돼서 우물의 입구를 막아 놓고 있지만 얼마 전까지만 해도 온 동네 사람들이 이 향나무 우물에서 물을 떠서 사용했다고 한다.

소고리 마옥산의 아기부처

"애야, 내일 아침에 뭐하니? 시간 되면 깨 떠는 것 좀 도와줘."

어린 시절부터 농사일 돕는 것은 시골 아이들에게 숙명과도 같은 것이었다. 나는 다른 친구들에 비해서 농사일을 많이 도운 편은 아니지만, 그래도 놀기 좋아하는 시절에는 부모님의 함께 일하자는 말씀이 싫었다. 그러나 이제 부모님과 함께 일할 수 있는 날이 많지 않다는 것을 깨달은 후론 함께 일하는 시간은 고통의 시간이 아니라 부모님의 사랑을 느끼고 감사하는 시간이 됐다.

아침 이른 시간에 도착한 깨밭, 아버지는 깨를 베서 옮기시고 어머니는 도리깨로 깨를 떨고 계신다. 깨는 '떠는 것'이 아니라 '터는 것'이 맞는 표현일 것이다. 허나 턴다고 하면 부모님의 모습이 떠오르지 않는다. 깨를 떤다고 말해야 비로소 내 머릿속에 부모님이 등장해 정말 깨를 떨고 계신다. 깨 떠는 소리, 향긋한 들깨

향, 시골집 깨밭은 후각과 청각만 존재하는 곳이다. 쏴아쏴아 깨 떨어지는 소리와 들깨 냄새로 벌써 작은 밭이 가득 차 있다.

"일찍 왔네, 시간 지나면 못하니까 얼른 해라."

"엄니, 남는 게 시간인데 천천히 하세요~"

"깨는 점심이 되면 못 떨잖아. 오늘은 날이 안 좋으니까 빨리 하자."

부모님과 천천히 능치면서 설렁설렁 일할까 했는데 바쁘게 생겼다. 깨는 습도가 낮아지는 한낮이 되면 금방 말라버려서 탁구공처럼 떠는 족족 밖으로 튀어 나간다. 그러니 습도 높은 오전에 힘을 내야 할 수밖에.

부모님께서는 경력 50년의 농부로 노하우와 환경을 몸으로 알고 계신다.

내년에도 10년 뒤에도 이렇게 말씀해 주셨으면 좋겠다.

"아들아! 내일 시간 내서 깨 떨러 와라!"

이렇게만 말씀해 주신다면 언제라도 기쁜 마음으로 달려갈 것이다. 청각과 후각, 그리고 부모님의 사랑이 가득한 이곳은 신갈리와 소고리 경계의 들깨밭이다.

깨를 떨고 나니 11시가 좀 안 됐다. 예상했던 것보다 2시간 정도 시간이 남는다. 2시간이면 뭘 할까? 그래서 급히 결정한 것이 바로 2시간짜리 소고리 불상 답사여행이다.

향나무가 있는 원두리와 신갈리 깨밭 사이에 있는 소고리엔 특이한 불상 둘이 있다. 하나는 바위에 선을 새겨 그린 불상이고, 다른 하나는 바위의 한 면을 파내어 형체를 만든 불상이다.

불상 위쪽으로 골프장이 조성되고 인근에 공장과 목장이 들어서면서 예전과 같은 호젓한 맛은 줄어들었지만 불상은 예전 그대로라 반갑다. 여전히 서로 다른 곳을 바라보고 있는 불상, 왠지 모를 묘한 분위기, 불상 근처를 흐르는 작은 도랑까지. 어릴 때는 불상 옆 도랑에서 가재도 참 많이 잡았었다.

소고리 두 개의 불상 가운데 메인 불상은 소고리 마애여래좌상이다. 이 불상은 동쪽을 바라보고 있다. 바위를 파서 선으로 그려냈는데, 손가락 모양이 어설프긴 해도 잘생긴 편이고 균형감도 좋다. 바위에 새겨진 불상은 결가부좌를 하고 손을 가슴에 모은 전법륜인의 수인을 하고 있다. 소고리 불상은 신라시대의 모습인데, 아마 신라시대 석공의 작품이거나 신라의 균형 잡힌 불상을 그림으로라도 접

했던 고려시대 석공의 작품이 아닐까 싶다. 바위에 새겨진 선 하나하나가 아름답다. 그러나 역시 손가락 모양이 아쉬운데, 마치 서툰 손짓으로 숫자를 세는 유치원 아이의 손동작처럼 보인다. 소고리 마애여래좌상은 경기유형문화재 제119호로 지정돼 있지만 균형미로 봤을 때는 조금 더 귀한 대접을 받아야 하지 않나 싶다.

마애여래좌상을 등지고 있는 불상은 삼존불이다. 개인적으로 정이 가는 불상이다. 분명 두 불상은 조성 시기도 다르고 만든 사람도 다른 것 같다. 바로 옆에 있는 불상의 분위기가 어떻게 이렇게 다를 수 있단 말인가. 마애여래좌상은 근엄한 모습을 하고 있고 삼존불의 표정은 익살스러워 대조를 이루는데, 바라보는 방향도 서로 다르다. 마애여래좌상은 동쪽을 바라보고 있고 삼존불은 서쪽을 바라보고 있기에 두 불상은 한 번도 서로를 마주본 적이 없다. 삼존불은 마치 큰스님 뒤에서 몰래 장난치는 동자승 같다. 그런데 나만 이렇게 생각한 게 아니었나 보다. 어느 블로그에는 이들 불상을 삼장법사와 손오공, 저팔계, 사오정 같다고 쓰여 있다. 그러고 보니 삼장법사 몰래 도망가는 그들의 모습 같기도 하다.

겨울에 다시 찾은 소고리 불상. 초등학교 시절처럼, 오늘도 역시 불상 주변의 분위기가 심상치 않다. 불상이 있는 초입부터 심상치 않은 연기가 피어오르고 징소리가 울린다. 한겨울의 산속에서 말이다. 이곳 소고리 불상 근처가 영험한 기운이 있다고 사람들이 가끔 들르기도 하는데 아마 무속인들인 모양이다. 아니나 다를까, 무속인과 일행 서너 명이 불상 앞쪽 빈터에 상을 차려 놓고 제를 올리고 있다.

사진기를 메고 가까이 다가가자 무속인 중에 한 명이 잔뜩 경계하면서 다가온다. 아마 시청 단속반이라고 생각했는지도 모르겠다.

"어떻게 오셨나요?"

마치 그들 집에 무단침입한 사람을 보듯 말한다. 산골짜기 불상 구경 오는 사람한테 어떻게 왔냐는 질문이 어디 있는가. 게다가 이곳은 우리 동네란 말이다. 그래도 욱하는 반응은 어디에도 쓸모없다는 사실을 알고 있기에 농담으로 받아넘긴다.

"차 타고 왔는데요."

질문한 그쪽이나 듣고 있는 무속인 모두 실없이 웃는다. 농담 덕분에 서로 신경 쓰지 않고 각자의 일에 전념하게 됐으니 다행이다.

불상 답사를 끝내고 돌아가는 길, 아직도 무속인들은 징을 치면서 무언가를 중얼거리고 있다. 이렇게 추운 날 저들은 눈밭에서 무엇을 저리 간절히도 빌고 있는 것일까? 불상에게 빌어야만 해결될 문제일까? 일상에서 해결하기 힘든 일일까?

오랜 불상과 징소리가 뒤섞인 이곳은 모가면의 소고리 마애여래좌상과 삼존불이다. 찾아오기 힘든 분들을 위해 사진과 동영상을 블로그에 남겨 놓았다.

19 불과 바람을 이겨낸
하늘 끝
나무 이야기

원적산 | 하늘 끝 소나무

우리 학원에는 벌점 제도가 있다. 숙제를 안 했거나 지각을 했을 때 벌점을 주는데 벌점이 일정량 채워지면 쉬는 날 나와 함께 시립도서관에 가서 공부를 해야 한다. 이번 주에는 여섯 명이 벌점을 채워 도서관 약속을 잡으려는데 자기들끼리 쑥덕이더니 의기양양하게 제안을 한다.

"쌤! 날씨도 좋은데 도서관 대신 등산은 어떨까요?"

아이들의 갑작스런 제안에 잠깐 당황했지만 제안도 구체적이고 등산이라는 대체재가 내 구미를 당겼다.

"좋아, 콜!"

"근데 어느 산으로 가실 거예요?"

후후, 등산이라는 말을 듣는 순간 당황한 짧은 순간에도 나의 마음은 이미 등산할 산을 정해 놓고 있었다.

아이들과 함께 오를 산은 바로 원적산이다. 원적산인 이유는 두 가지다. 원적산은 이천에서 가장 높은 산이다. 이왕 가는 산행이니 아이들과 함께 가장 높은 산에 도전하고 싶었다. 또한 벌칙으로 인한 공부의 대체재가 만만하다면 세워 놓은 규칙이 흔들릴 수 있다. 그러니 오르기 쉬운 산은 안 된다.

원적산은 재밌는 산이다. 모르는 사람들은 원적산에서 가장 높은 봉우리가 원적봉이라고 생각하는데 사실 원적봉 뒤쪽에 이어진 천덕봉이 원적봉보다 70m가량 더 높다. 시내의 북쪽을 막고 있어 아늑함을 더해주는 고마운 산이기도 하다.

마음을 아프게 하는 일도 있었다. 1999년으로 기억한다. 원적산에 불이 났다는 소식을 들었지만 금방 꺼지겠지 생각을 했다. 주변에 사격장이 있어서 가끔 불이 나고 오래지 않아 꺼지기도 해서 그런 줄 알았다. 그날 밤에 퇴근을 하려고 차에 올랐는데 원적산은 마치 스키장에 불을 환하게 켜 놓은 것처럼 타오르고 있었다. 그날의 충격을 잊지 못한다. 산불은 그 후로도 여러 날을 더 원적산을 태우고 꺼진 것으로 기억한다. 화재 뒤, 원적산의 모습은 멀리서 봐도 피해를 확연

하게 알 수 있을 정도로 처참했다. 그 화재 이후로 한동안 원적산에는 갈 수가 없었다.

그렇게 10년이 흐른 2009년쯤이었다. 아들이 등산과 높이에 관심을 갖기 시작하더니 이천에서 제일 높은 산에 오르고 싶다고 졸라서 내키지 않은 원적산 등산을 하게 됐다. 예상대로 원적봉 인근에는 나무가 자라지 못하고 있었다. 원적봉에서 천덕봉으로 향하는 능선에는 나무가 전혀 없어서 민둥산처럼 보였는데 아이는 만리장성 같다며 마냥 좋아했다. 천덕봉으로 향하며 산불의 영향이 생각보다 컸음을 느끼며 아들과 걷고 있었다. 그런데 이게 웬일인가? 능선 중간, 나무 한 그루 없는 이곳에 작은 소나무 한 그루가 당당하게 서 있는 것이 아닌가!

믿을 수 없었다. 바위 옆 소나무는 수령 10년을 갓 넘긴 아직 어린 나무였다. 어린 소나무는 10년 전 뜨거운 불의 고통을 이겨내고 능선에서 자라고 있었다. 이곳은 이천에서 바람이 가장 강한 곳 가운데 하나다. 나무는 뜨거운 불을 이겨냈고, 겨울의 매서운 바람까지 이겨내며 지난 10년을 버텨온 것이다.

이런 이유로 원적산에 오르길 원했다. 원적산 소나무가 이후에도 잘 지내고 있는지 확인하고 싶었던 것이다. 아이들이 등산 이야기를 꺼냈을 때 이미 나는 원적산에 오르고 있었다. 온몸으로 불과 바람을 맞고도 꿋꿋하게 살아가던 원적산 소나무를 다시 보고 싶었다.

공민왕도 머물다 간 원적산

원적산의 가장 기본적인 등산 코스는 영원사 뒤로 이어지는 등산로를 이용하는 것이다. 영원사 뒷길 등산로는 경사가 급하고 사람의 손길이 덜 간 곳이다. 여기저기 작은 돌무더기가 쏟아져 내린 곳도 있고, 폭우가 내리면 작은 규모의 산사태도 가끔 일어난다. 그래서 최근에 사방댐 공사를 하기도 했다. 뿐만 아니라 원적산은 계획적으로 조림한 곳이 아니어서 나무들이 우후죽순으로 자라나기 때문에 햇빛을 충분히 받지 못한 나무는 천수를 누리기도 전에 쓰러져 등산로를 막기도 한다. 영원사에서 20~30분만 열심히 오르면 원적산 능선을 만날 수 있다. 여기부터는 오르내리는 아기자기한 등산로가 원적봉 직전까지 이어진다.

여름 등산은 역시 힘들다. 겨울에는 쉽게 올랐는데 여름의 원적산은 쉽지 않다. 운동이 부족한 아이들은 벌써 지쳐서 능선 벤치에서 쉬겠단다. 정상 등정을 포기하고 싶었지만 나는 꼭 봐야 할 나무가 있다. 결국, 끝까지 가겠다는 학생 하나만 나를 따라 나선다.

원적산 등산의 최대 난코스는 원적봉 정상을 바로 앞둔 100m 구간이다. 경사가 심해서 밧줄이 설치돼 있는데 그보다 땅을 짚으며 오르는 게 편할 정도다. 그러나 고통 뒤에 오는 쾌감이 더 큰 것처럼 원적봉 정상의 풍경은 힘겨움을 보상해주고도 남는다. 봉우리 남쪽으로는 백사면 신둔면과 이천 시내가 한눈에 보이고, 멀리 효양산은 아주 작은 언덕으로 보인다. 더 멀리 충청도와 강원도의 산까지 멋진 풍광을 보여주는 이곳은 원적산의 원적봉이다.

이곳 원적산을 예전에는 공민산이라고 불렀고 가장 높은 천덕봉을 공민봉으로 부르기도 했는데, 이유는 고려말 공민왕과 관련된 전설이 남아 있기 때문이다.

공민왕은 1361년 홍건적이 침입했을 때 외적을 피해 경상북도 안동까지 피난

을 갔다. 피난 시절, 공민왕은 이곳 원적산에 머물면서 난이 진정되길 기다렸다고 한다. 그러나 공민왕에게 들린 건 적이 진압 당했다는 소식이 아니라 홍건적이 개경을 함락했다는 소식이었다. 공민왕은 눈물을 흘리며 다시 남쪽으로 기약 없는 피란길에 오르게 된다. 예전 원적봉 아래쪽에는 깊은 연못이 있었다고 하는데, 공민왕과 함께 피난을 온 궁녀들은 함락 소식을 듣고 이 연못에 몸을 던져 목숨을 버렸다고 한다.

원적산 기슭의 백사면에는 공민왕이 몽진길에 잠시 쉬어갔다는 휴궁교가 남아 있고, 궁녀들이 빠져 죽은 연못인 '여기수 전설'도 전해진다.

불과 바람을 이겨낸 하늘 끝 소나무

등산의 최종 목적지인 원적산 소나무. 소나무 주위는 여름이라 풀로 덮여 있고 주위에 나무들도 자라고 있다. 예전처럼 홀로 자라는 소나무라는 느낌이 없다. 북서풍을 온몸으로 맞으며 자라는 나무라 시원스럽게 뻗지 못해 모양도 볼품없지만, 원적산 소나무는 내겐 정말 사랑스럽고 자랑스러운 나무다.

2009년, 원적산의 소나무를 처음 만났을 때의 감동을 아직도 잊을 수가 없다. 하늘 끝 소나무를 보며 시 하나를 떠올려본다.

어느 사이에 나는 아내도 없고
또 아내와 같이 살던 집도 없어지고
그리고 살뜰한 부모며 동생들과도 멀리 떨어져서
그 어느 바람 세인 쓸쓸한 거리 끝에 헤매이었다
 ·

 ·

외로운 생각만이 드는 때쯤 해서는
더러 나줏손에 쌀랑쌀랑 싸락눈이 와서 문창을 치기도 하는 때도 있는데
나는 이런 저녁에는 화로를 더욱 다가끼며 무릎을 꿇어보며
어느 먼 산 뒷옆에 바우섶에 따로 외로이 서서 어두워 오는데
하이야니 눈을 맞을 그 마른 잎새에는
쌀랑쌀랑 소리도 나며 눈을 맞을
그 드물다는 굳고 정한 갈매나무라는 나무를 생각하는 것이었다.
(백석, 〈남신의주박시봉방〉, 1946)

백석의 시에 등장하는 갈매나무가 어떤 나무인지 모르겠지만, 나는 원적산 소나무 앞에서 백석의 시와 그의 나무를 떠올렸다. 백석은 짧지 않은 사연으로 고향인 정주 땅에 정착하지 못하고 방황하던 시인이다. 백석은 해방 후에도 고향으로 돌아가지 않고 신의주를 전전하다 남신의주의 허름한 셋방에서 이 시를 썼다.

신의주에서 그는 고향도 잃어버리고 선생이라는 직위도 잃어버렸다. 그러나 백석은 지식인으로서의 자존심은 잃지 않았다. 그는 타향에서 흔들리는 마음을, 고향 땅 먼 산에서 꿋꿋하게 자라고 있을 갈매나무를 떠올리며 바로잡는다.

백석에게 갈매나무가 있었다면 내게는 원적산 소나무가 있다. 원적산에 가면 물박달나무의 재미와 공민왕의 전설, 탁 트인 풍광, 시인 백석, 그리고 산불과 바람을 이겨낸 하늘 끝 소나무도 만날 수 있다.

20 시골학교에는 보랏빛 수목원이 있었네

백사초등학교 | 검바우 | 내촌리 가는 길

그 학교에 들른 건 정말 우연이었다. 그리고 행운이었다.

3년 전이었나 보다. 내게 배우는 아이들과 어딘가를 다녀오는 길에 차 안에서 아이들끼리 실랑이가 벌어졌다. RC카에 빠져 있던 학생 하나는 어디를 가도 자동차를 들고 다녔다. 자부심도 대단해서 자기 차는 근방에서 제일 빠르다며 자랑을 했다. 달리기라면 이천에 있는 중학생 누구에게도 지지 않을 만큼 빠른 아이도 그 차 안에 있었다. 빠르기만큼 자존심도 강한 학생이었는데 그 둘 중 누가 더 빠른지 논쟁이 벌어진 것이다. 차 안의 다른 아이들은 금세 자동차파와 인간파로 나뉘어 논쟁에 동참하고 있었다. 10분 넘게 논쟁을 듣다 보니 나도 정말 궁금해지기 시작했다.

"근처에 백사초등학교가 있는데 거기서 대결해볼래?"

막상 승부를 하게 되면 어느 한쪽은 주눅이 들기 마련인데 둘은 끝까지 의기양양했다. 그럴수록 점점 흥미는 커지고 있었다. 그렇게 해서 백사초등학교에 처음 방문하게 됐다.

백사초등학교에 도착했을 때의 그 강렬한 첫인상을 아직도 잊지 못한다. 학교 스탠드 양쪽에는 엄청난 자태를 뽐내며 적송 두 그루가 서 있었다. 가지가 사방으로 낮게 뻗어 가는 반송 형태다. 이 학교에 멋진 소나무가 있다는 얘기를 들은 적은 있지만 이 정도라고는 생각을 못했다. 이 학교의 어느 선생님은 천연기념물 반룡송보다 더 멋지다며 자랑을 한다. 정말 버팀목 하나 없이 엄청난 가지를 뻗고 있다. 더 놀라운 것은 동굴이다. 초등학교에 웬 동굴이냐고? 정말 동굴이었

다. 마침 우리가 들렀을 때는 등꽃이 동굴 한가득 피어 있는 꽃동굴이었다. 연보랏빛의 등꽃은 크리스탈 샹들리에처럼 동굴 전체에 늘어져 있었다. 신비롭고 아름다운 샹들리에만큼이나 진한 향이 동굴을 휘감고 있는데, 아카시아 향과 비슷하지만 조금 더 진했다. 보랏빛향기랄까? 보랏빛향기는 노래에만 등장하는 것이 아니라 실제 존재하는 향기였다.

그러나 소나무와 등꽃동굴은 학교 구경의 그저 시작일 뿐이다. 백사초등학교에는 구석구석 놀라운 나무와 꽃들 천지다. 등꽃동굴 뒤쪽에는 근사한 느티나무가 있는데 느티나무 그늘 아래에서 한 달에 한 번 아이들이 준비한 공연이 열린다고 한다. 또한 느티나무 뒤쪽에 인동초 덩굴로 조성한 예쁜 문을 통과하면 작은 정원에 들어설 수 있고 다양한 식물들을 관찰할 수 있다. 이곳은 초등학교일까, 아니면 수목원일까? 이쯤 되면 학교가 아니라 수목원이라 불릴 만하다.

백사초등학교 수목원은 수종도 다양하고 잘 관리돼 있다. 대추나무, 주목, 꽃사과나무, 편백나무, 화살나무, 마가목 등은 물론 붓꽃과 사철나무가 생울타리로 화단을 나누고 있다.

학교를 시계 방향으로 돌아가면 건물 모퉁이에 라일락 고목이 쓰러진 채 자라고 있다. 이미 수십 년 전에 쓰러진 듯하다. 라일락은 누운 상태에서 계속 자라면서 풍성하진 않지만 아련한 보랏빛 꽃을 피워 내고 있다. 오랜 나이 탓이리라. 관리하기 힘들고 통행에 불편해도 학교는 이 나무를 그대로 보존하고 있고 아이들도 쓰러진 나무 아래로 조심조심 다닌다고 한다. 수십 년 동안 이곳 아이들은 나무 아래를 뛰어다녔을 것이다.

라일락을 지나 학교 뒤편으로 가면 맥문동 화단이 우리를 기다리고 있다. 여름에 방문했을 때 맥문동은 진한 보랏빛으로 꽃을 피우고 있었다. 백사초등학교 수목원의 등꽃, 라일락에 이은 보랏빛 꽃 쓰리콤보의 완성은 맥문동으로 마무리된다!

누구였을까? 삭막할 수도 있는 건물 뒤 벽면을 아름다운 맥문동 화단으로 가꾼 사람은. 맥문동은 뿌리 모양이 보리 같고 겨울에도 시들지 않기 때문에 맥문동이라는 이름이 붙었다. 그냥 지나치기 쉬운 건물 뒤 배경으로 맥문동이 최고의 선택이 아니었을까 싶다.

학교 한 바퀴를 돌아 나오면 수생식물원을 만날 수 있다. 부들이 자라고 있고 그 안에는 아이들이 근처에서 잡아온 물고기가 살고 있다. 연못 앞에는 근사한

능수회화나무 한 그루가 작지만 펑퍼짐하게 서 있어서 학교 정원의 무게감을 더한다.

이렇게 아름답고 이야깃거리가 많은 백사초등학교! 이런 곳에서 공부하는 아이들은 조금 더 행복하지 않을까? 졸업을 해도 학교에 대한 싱그러운 기억으로 오랫동안 행복하게 살아갈 수 있지 않을까 생각해본다.

이렇게 아름다운 백사초등학교의 운동장, 그 수목원 운동장에서 펼쳐진 세기의 대결은 어떻게 마무리 됐을까? 어느 하나가 패해도 상처가 클 수 있는 대결이었다. RC카는 정말 빨랐다. 우사인 볼트가 와도 상대가 안 될 정도였다. 하지만 달리기 빠른 학생이 당일 컨디션이 안 좋아서 진 것으로 서둘러 정리하고 마무리 지을 수밖에 없었다.

청동기 시대의 검바위

백사초등학교의 안쪽만 아름다운 것은 아니다. 학교 앞 도로에는 은행나무 가로수가 예쁘다. 이곳은 '이천의 아름다운 길'에 선정될 만큼 노란 가을 길이 무척 아름답다. 노란 길은 현방리 시내로 이어지는데 현방리는 백사면사무소가 있는 곳이다.

현방리라는 이름에도 내력이 있다. 예전에 이곳은 온방리와 흑암리 두 마을이었는데 1914년에 행정구역이 개편되면서 마을 이름이 바뀌었다. 검을 흑(黑)자가 검을 현(玄)으로 바뀌며 한 글자씩 따서 현방리로 불리게 된 것이다. 흑암리라는 이름처럼 이곳 현방리에는 검은 돌이 떼를 이루고 있다. 이 지역 사람들은 검바위라고 부르는데, 이 검바위는 백사초등학교 맞은편 은행나무 길 건너에 있다.

현방리 검바위는 원적산 기슭에서 평야로 이어지는 마을 구릉에 위치해 있는데, 청동기 시대 사람들의 생활 터로 추정하고 있다. 이곳 검바위 터 앞에는 현재 교회가 들어서 있지만 예전에는 서원이 있던 자리였다. 이곳 이름을 따서 현암서원이라고 불린 이 서원은 다른 곳과는 달랐다. 현암서원은 소위 끗발 높은 서원이었다. 조선 정부에서 엄청난 지원을 받았던 것으로 알려져 있는데 배향한 인물을 보면 그 사연을 알 수 있다. 서원은 보통 후학을 양성하는 곳이지만, 존경받

을 만한 유학자들을 모시며 제를 올리는 것도 서원의 역할 가운데 하나다. 이곳 현암서원에 배향한 인물은 공자가 아니다. 성리학의 형체를 세운 주자도 아니고, 처음 우리나라에 들여온 안향도, 이천과 깊게 관련 있는 인물 역시 아니다.

19세기 최고의 세도가문이었던 안동김씨, 김조순을 배향한 서원이 바로 현암서원이다. 당시 서원과 향교는 병역이나 세금의 혜택이 있었으니 서원 건립에는 또 다른 목적이 있지 않았을까? 지금은 서원 건물의 터마저 사라졌지만 김조순의 아들, 김좌근의 묘역이 있던 내촌리와 지척이라는 것과 마을 사람들의 이야기가 이곳이 현암서원의 터임을 증언하고 있다. 흥선대원군의 집권 후 서원철폐령으로 현암서원이 사라지면서 이곳은 황무지가 됐다. 그렇게 버려졌던 땅에 백사면의 어느 독지가가 주민들을 위해 휴식터를 만들어준 것이 현재의 검바위 공원이라고 한다.

사람들 말로는 검바위 공원의 검은 바위들이 한자 '품(品)'의 모양을 하고 있기 때문에 안동김씨가 이곳에 서원을 지었다는 이야기도 있다. '품'자는 벼슬을 의미한다고 하는데 이곳에 서원을 지으면 후손들이 출세한다는 미신이 있었나 보다. 아마 현암서원을 만든 김조순의 후손들은 명당터를 찾기 위해 고당리의 백성들을 내쫓고, 금반형터를 찾는다며 내촌리에서 송씨를 내쫓은 그 사람들이 아닐까 싶다. 김조순의 후손들은 지독히도 풍수를 좋아하고 권력에 애착이 있던 것 같다. 그에 비하면 아이를 갖지 못하는 부인들이 작은 돌로 이곳의 검바위를 문지르면 아이를 잉태할 수 있었다는 간절한 내력은 그나마 소박하고 서정적이기까지 하다.

청동기 시대의 사람들부터 현암서원 사람들까지 모두 기억하고 있을 검바위.

옆구리에 검은 홈이 패어 있는 검바위 떼는 백사면 현방리의 백사초등학교 길 건너에 있다.

내촌리로 가는 길

"혹시 검바위 공원에서 내촌리 쪽으로 가본 적 있어요?"

술자리에서 아는 동생이 불쑥 질문을 건넸다. 동생 말로는 현방리에서 내촌리 가는 길은 오랜 참나무가 울창해서 여름에도 어둑어둑할 정도라고 한다.

"어렸을 때는 자주 걸어 다녔는데 어둑하고 한적해서 무서울 정도였어요. 근데 지금은 차가 많아져서 운치가 많이 떨어졌죠. 그래도 요즘에는 일부러 그 길로 다니기도 해요."

동생은 참 멋지다. 동생은 내촌리 옆 우곡리에서 농사를 짓는다. 벼농사도 짓고 다양한 사회활동도 하며 산다. 봄, 여름, 가을에는 열심히 일하는 동생에게 약간 미안한 마음이 들기도 하지만 미안함은 딱 그때까지 뿐이다.

11월이 지나면 상황은 180도 바뀐다. 동생은 김장을 끝으로 시골 일이 마무리

되면 어디론가 훌쩍 떠난다. 이 글을 쓰고 있는 지금은 메콩강 어디 쯤에 있다고 한다. 본인은 그런 자신을 '지구별 여행자'라 부른다. 그런 동생이 추천하는 곳이니 내촌리로 가는 길이 맘에 들지 않을 수가 없다.

검바위에서 내촌리 가는 길은 정말 동생 말대로 참나무와 밤나무가 우거져 있다. 여름이 지나서 울창한 맛은 좀 떨어졌지만 차가 다니는 길 중에 흔치 않은 풍경을 가진 길이 틀림없다. 차에 내려서 잠깐 걸어본다. 길가에는 참나무 천지다. 참나무에서 떨어진 도토리도 여기저기 굴러다니고 있다. 세상에 참나무라는 나무는 없다. 도토리가 열리는 졸참나무, 굴참나무, 갈참나무, 신갈나무, 떡갈나무, 상수리나무 등을 합쳐서 참나무라 부른다. 이 나무들은 땔감으로도 화력이 좋고, 집 지을 때도 좋고, 열매는 도토리묵을 쑤어 먹을 수 있어서 진짜 나무, 즉 참나무라고 부르는 것이다.

도토리나무 길이 끝나고 내촌리에 도착할 무렵, 큰 느티나무 몇 그루가 참나무 길 옆에 서서 분위기를 더욱 고창하게 만들어준다.

내촌리에서는 김좌근 고택을 만날 수 있다. 현암서원이 있던 검바위에서 김좌근 고택으로 이어지는 길은 과거 안동김씨 세도가들이 가마와 말을 타고 다녔을 길이다. 현방리와 내촌리 쪽을 답사한다면 큰길도 좋지만, 이곳 참나무 길을 한 번 걸어보자. 참나무의 운치와 함께 청동기 시대 사람들의 생활을 떠올릴 수도 있고, 세도가들의 헛된 욕심까지 엿볼 수 있을 것이다.

05

역사와
함께 걷는
답사여행

21 너와 나
그리고
우리들의 수난이대

용면리 느티나무 | 의병전적비

오늘 찾아갈 곳은 신둔면 용면리 느티나무다.

용면리 도로 우측, 담으로 둘러쳐진 곳에 나이 많은 느티나무가 위리안치된 유배객처럼 들어앉아 있고, 조금 더 지나면 살짝 봐도 오래된 용면리 느티나무가 당당한 위용을 자랑하고 있다. 느티나무 앞에는 이천시 보호수라는 안내문과 함께 아기 낳지 못하는 여인이 이 나무에 기도하고 아이를 낳았다는 흔한 이야기도 적혀 있다.

용면리의 오랜 느티나무 아래에 할머님 한 분께서 평온한 표정으로 앉아 계신다. 어쩌면 이렇게 평화로워 보일 수 있을까. 마치 영화 〈쇼생크 탈출〉의 주인공 앤디 듀플레인이 감옥 옥상에서 맥주를 마시는 동료들을 바라볼 때의 눈빛과 비견될 정도의 평온한 모습이다.

영화보다 더한, 무심함에 가까운 평온함에 이끌려 할머니 옆 평상에 앉아 인사를 드리며 나무의 유래를 여쭌다.

"저는 몰라요. 저희 시어머니께서 115살이신데 처음 시집오셨을 때도 이 크기 그대로였대요."

소녀처럼 대답하시는 느티나무 아래 할머님. 오래된 나무냐는 질문에 시어머니 이야기를 불쑥 꺼내신다. 근데 그보다 115살이라면 우리나라에서 최고령 할머님이 아니실까?

"에이, 진작에 돌아가셨지요."

오래전에 돌아가셨지만 시어머님의 연세를 자연스럽게 얘기하시는 게 신기하다.

"그런데 할머님은 어떻게 오래전에 돌아가신 시어머님 연세까지 기억하세요? 사이가 좋으셨나봐요~"

갑작스럽게 나온 시어머님 이야기에 할머님은 이야기보따리를 풀어 놓으신다. 할머님의 시어머님은 1913년에 이곳으로 시집을 오셨는데 시아버지는 시어머님보다 4살이 어린 연하의 어린이였다고 한다. 그리 말하고 뭐가 그리 재밌으신지 신나게, 한편으론 수줍게 웃으면서 얘기를 이어 나가신다. 뭔가 사연이 깊은 것 같다.

"시어머니는 유산리 오미라는 곳에서 시집을 오셨는데 혼인날 신부 집에서 신랑

을 거꾸로 묶어서 발을 막 때리니까 시아버지가 막 울었다잖아요. 그래서 시어머니가 시아버지를 달래서 한밤중에 여기까지 도망을 오셨다잖아요. 호호호호호….”

긴 웃음이 끝나고 다시 말씀을 이으신다.

“그리고 글쎄, 나이도 어린 시아버지가 처음에는 그렇게 시집살이를 시켰대잖아요. 얼마나 웃겼겠어요, 어린애가.”

말씀을 마치기도 전에 다시 웃음이 터져 말을 잇지 못하신다. 하기야 여고생 나이의 신부가 초등학생 동생뻘 되는 어린 신랑을 한밤중에 달래는 것도 웃긴데, 그 주인공이 지엄하신 시아버지라고 생각하니 웃음이 터지실 만하다. 그것도 친정에서 첫날밤을 치러야 할 어린 신랑을 데리고 말이다. 시어머님이 며느리에게 남편 흉을 보던 분위기 그대로 내게도 전해주신다. 며느리에게는 말동무하기도 힘든 시어머님이었을 텐데 시어머니와 며느리 사이가 정다웠던 모양이다. 할머님의 시어머님은 시아버님에게 지청구를 들을 때마다 나에게 이야기하듯이 며느리에게도 이렇게 흉을 보셨을 것이다. 생각만으로도 정겹다.

할머님은 이곳에서 많은 일을 겪었다고 한다. 6.25전쟁과 1.4후퇴 이야기를 이어 가신다.

"고생 많이 하셨겠어요. 난리통에는 피란도 다녀오셨지요?"

"아휴 말도 마세요. 인민군이 왔을 때는 저기 산 밑으로 도망가 꽁꽁 숨어 있었구, 중공군이 쳐들어왔을 때는 갓난 애기를 업고 저기 모가면 소고지를 지나서 진천까지 피난 갔었지요."

"와, 애를 업고 충청북도 진천까지요? 그럼 잠은 어디서 주무셨어요?"

"그쪽 사람들은 피란을 안 간 사람도 많았는데 그 사람들한테 부탁해서 헛간에서 잤지요. 진천 시내까지 갔었는데 거기 여관이 비어 있어서 거기서 있다가 왔지요. 남자 장정이 좁쌀 한 말씩 지고 갔는데 다 떨어져서 이집 저집 밥 얻어먹으면서 겨우 돌아왔지요."

"여자의 몸으로 배 곯면서 아이까지 안고 정말 힘드셨겠어요."

"전쟁이니까 그랬지요. 우리가 무얼 알았겠어요. 살아야 하니까 그렇게 다닌 거지요. 힘들지만 그래도 아이를 어떻게든 살려보려고 그랬었지요. 지금은 다 잊었지요."

"전쟁에 업고 다니던 갓난아기였으면 업혀 다녔던 자제분들도 지금쯤 할아버님 할머님이 되셨겠네요~"

"아들 둘에 딸 하나가 있었는데 아들 둘은 죽고, 딸은 시집가서 잘 살고 있지요."

아, 괜히 여쭸나 보다. 할머님의 눈가에 살짝 눈물이 고인다.

"딸 사우는 수원에서 공무원으로 있지요. 한 달에 한 번씩은 꼭 주말에 와요."

시어머님과 사이좋게 지내셨던 할머님의 성격으로 보아 왠지 따님과도 행복하게 지내고 계실 거란 생각이 든다.

용면리의 느티나무는 할머님의 역사와 할머님의 시어머님의 역사, 그리고 이 동네 모든 사람들의 역사를 기억하고 있다.

할머님의 설명에 의하면 용면리 느티나무는 원래 네 그루였는데 피란을 다녀오니 한 그루는 폭격을 당해 죽어 있었다고 한다. 이곳 할머님이 앉아 계신 곳에 두 그루, 위리안치된 한 그루, 총 세 그루가 아직도 용면리 사람들의 과거를 기억

하며 아무렇지도 않게 서 있다.

격동의 시절이었던 해방 무렵에 시집을 와서 6.25전쟁에는 60km 넘게 아이를 안고 피난길을 다녀오시고, 두 아들을 잃고 딸자식 하나 정성껏 키우시고, 느지막이 혼자가 되신 용면리 느티나무 아래의 할머님. 신산하기도 하고 행복하기도 했던 사람들의 과거를 기억하는 용면리 느티나무, 그 아래서 평온하게 쉬고 계신 범정순 할머님은 우리들의 할머님이고 살아 있는 우리의 역사다.

시골 느티나무 아래 쉬고 계신 이 땅의 수많은 할머님과 할아버님, 아무렇지도 않게 앉아 계시지만 당신들 안에는 몇 개의 우주와 책 수십 권으로도 풀어쓰지 못할 사연이 담겨 있을 것이다.

나는 부끄럽지 않다 '의병전적비'

이천에 대해 창피함을 느꼈던 적이 있었다. 중고등학교 역사 시간이었던 것으로 기억한다. 역사책에는 전국적으로 3·1운동이 일어난 지역이 지도에 표시돼 있었는데 이천은 비어 있었다. 나름 지역에 자부심을 갖고 있었던 나는 실망이 이만저만이 아니었다. 실망감을 넘어 부끄러움까지 느꼈을 정도였다.

그러나 역시 책 속에 길이 있다던가? 이천시립도서관에서 이런저런 책들을 펼쳐 보다 송라문화원과 이천문화원에서 발간한 책을 읽어보게 됐다. 책에는 이천의 역사와 문학작품이 실려 있었는데, 이천의 근현대 역사에 대한 꼭지도 있었다. 나는 그 부분을 읽어 나가면서 온몸이 굳어지는 것을 느낄 수가 있었다. 비겁했던 땅이라고 부끄러워했던 이곳 이천은 을사늑약과 한일강제병합을 전후한 시기 무장독립의병의 중심지였고 나라를 지키겠다는 뜨거운 애국심의 용광로였다는 것이 책의 내용이었다.

그리고 뜨거운 애국심의 대가로 일본의 무자비한 복수로 인해 이천 민가의 절반이 불타 많은 사람들이 죽고 시가지는 쑥대밭이 됐다고 한다. 그러니 3.1운동 시절에는 저항할 힘이 남아 있지 않았을 것이다. 나는 그런 사연도 모르고 뜨거웠던 선조들을 부끄러워했다.

일본이 깡패들을 동원해서 조선국왕 고종의 아내인 명성황후를 살해했는데, 이를 '을미사변'이라고 한다. 을미사변 후, 전국 각지에서 모여든 의병들과 이천의 의병은 연합작전을 펴며 일본에 대항했다. 결국 의병부대와 일본군이 이천의 넓고개(광현)에서 격전을 벌이게 되는데, 이 전투에서 우리 의병은 일본군 100여 명을 사살한다. 이는 일본의 침략 후 거둔, 거의 최초의 승전이라고 할 수 있다. 이에 대한 기념비가 교전이 벌어졌던 3번국도 넓고개 인근에 세워져 있다.

영국 이데일리 기자 멕켄지는 우리의 의병운동에 관심이 많았던 것 같다. 멕켄지는 당시 조선 의병의 실체를 취재하려고 여기저기 수소문하고 다녔다. 그가 만난, 의병에 대한 정보를 알고 있는 거의 모든 사람들은 '의병을 만나려면 이천으로 가라'고 말했다고 한다. 그래서 도착한 이천, 멕켄지가 이천에 도착했을 무렵에 이천은 불바다가 된 이후였다. 의병의 격렬한 항전에 분노한 일본이 대병력을 이끌고 이천 지역을 초토화시켰기 때문이다. 당시 기록에는 이천 지역 930여 호의 민가가 불에 탔고 의병을 숨겼다고 의심받던 영월암도 일본군에 의해 전소됐다고 하는데, 이를 '이천충화사건'이라고 한다.

신둔면 고척리 출신의 의병장 김필수, 신둔면 남정리 출신의 김봉기 의병장, 백사면 송말리 출신의 임형순 의병장, 그리고 의병장과 뜻을 같이했지만 이름으로 남지 못한 많은 의병들에게 감사하고 또 감사한 마음뿐이다.

의병전적비의 뒷면에는 치열했던 넓고개 전투의 이야기가 새겨져 있다. 의병전적비는 그들에 대한 고마움과 함께 그들의 후배라는 자부심까지 느끼게 한다. 의병전적비는 3번국도 도로변 넓고개(넙고개)에 우뚝 서 있다.

22 딱따구리
목탁 소리와 걷는
둘레길 산책

영원사 절집나무 | 석조약사여래좌상 | 산수유 둘레길

　원적산 등산의 베이스캠프는 원적산 영원사다. 주차장도 넓고 식수도 얻어갈 수 있기 때문인데, 등산 전에 가벼운 마음으로 경내도 구경할 수 있는 건 덤이다. 자전거를 타고 원적산을 라이딩하는 사람들에게도 영원사는 역시 베이스캠프 같은 곳이다. 라이딩으로 기운이 빠질 때쯤 영원사 한편에 있는 평상에 누워 기운을 보충하기도 한다.

　영원사의 여름은 초록색으로 꽉 찬 풍경을 보여주는데, 어느 한 곳 푸른색이 아닌 곳이 없다. 이런 것을 눈 호강이라고 하나 보다. 영원사를 감싸고 있는 원적산, 풀과 꽃과 나무들의 푸른 물결, 그리고 영원사의 초록 단청이 하나가 되어 푸른색의 절정을 이룬다. 안개가 살짝 낀 날의 영원사는 환상적이기까지 하다. 이렇게 아름다운 영원사의 여름, 그러나 나는 가을의 영원사를 더 좋아한다.

　가을에 영원사를 찾아가면 절 옆 산수유 둘레길의 예쁜 새빨간 단풍을 볼 수도 있고, 단풍 사이사이에 노란 생강나무 잎이 구경하는 재미를 더한다. 거기에 가을이면 어김없이 노란 은행잎을 쏟아 내는 오랜 은행나무는 또 어떤가.

　영원사에는 탑이 있다. 인간이 다듬은 탑이 아니라 돌을 탑 모양으로 쌓은 자연 그대로의 탑이다. 탑 주변에서 영원사의 보살님 한 분이 은행을 줍고 있다.

　"아, 이쪽으로 오시면 어떡해요!"

　소리를 빽 지른다. 사진을 찍으면서 나도 모르게 은행을 밟았나 보다. 소중한 양식으로 삼을 은행을 밟았으니 혼날 만도 하다. 그런데 그녀를 화나게 한 것은 다른 이유였다.

　"은행을 밟으면 냄새나잖아요!"

먹을 것을 밟았다고 혼내는 게 아니라 냄새 때문이라니…. 그런데 정말 이곳 영원사 은행도 냄새가 심하다. 스님들께서 냄새 때문에 제대로 참선과 수양을 할 수 있을까? 내가 혼나는 사이 기어코 나의 아들은 탑 옆으로 오르더니 돌탑 위에 작은 돌 하나를 올려놓는다. 아빠가 혼나건 말건 신경도 안 쓰고 말이다.

영원사로 오르는 계단에는 화살나무가 빨갛게 물들고 있고, 영원사 뒤쪽 약사전 옆에는 잘생긴 느티나무가 영원사를 지키고 서 있다. 비구니 승의 절이라서 그런지 계절별로 색색의 꽃도 화려하게 핀다. 아름다운 꽃들 사이에서도 무엇보다 내 마음을 끄는 것은 영원사 절집 마당의 오랜 나무다. 절집 마당의 나무는 받침대를 치우면 쓰러질 것처럼 겨우 버티고 서 있다. 봄 무렵에 찾았을 때는 회화나무라고 생각했다. 나이가 하도 들어서 나무 껍질로는 어떤 나무인지 모를 절집 마당의 나무, 여름과 가을에 다시 찾았을 때는 잎이 빛나는 주엽나무로 밝혀졌다.

주엽나무는 참 재밌는 나무다. 음나무는 어릴 때 가시를 내밀어 자신을 보호하지만 주엽나무는 어른이 되면 그제야 가시를 몸에 두른다. 주엽나무는 사람과 생리가 비슷한데, 사람처럼 태어난 지 20~30년이 돼야 제대로 열매를 맺을 수 있는 것이다. 그리고 열매를 맺게 되면 이를 지키기 위해 없던 가시를 내민다. 주엽나무 열매에 관한 옛 이야기가 전한다.

옛날 어떤 노인이 주엽나무를 심고 있는데 지나가는 젊은이가 노인에게 웃으며 말했다.

"그 나무가 자라서 열매를 맺을 때면 당신은 죽을 텐데 뭣하러 주엽나무를 심으시나요?"

노인은 젊은이의 물음에 이렇게 대답했다.

"이전 사람들이 심은 주엽나무 때문에 내가 고마움을 입었으니 내 다음 사람들을 위해서 이 나무를 심는 것은 당연하지 않겠소."

영원사 앞마당의 주엽나무는 여러 가지를 생각하게 한다.

영원사가 등산과 나무로만 유명한 것이 아니다. 영원사에는 주엽나무보다 더 오래되고, 은행나무보다 더 유명한 불상이 하나 있다.

불상의 이름은 영원사 석조약사여래좌상이다. 영원사 석조약사여래좌상은 약사전에 모셔져 있다. 불상에 대한 기록으로는 선덕여왕 7년(638년) 해호선사가 창건하면서 수마호석으로 조성해 봉안했다고 전해진다. 그러나 전문가들의 견해는 좀 다른데, 그들은 삼국시대의 불상으로 보기 어렵다고 한다.

영원사 불상은 또한 약사불이다. 약사불은 백성의 아픔을 덜어줄 부처를 말한다. 불상 이름에도 '약'이라는 글자가 들어 있으니 왠지 고통 받는 백성들에게 하얀 가운을 입고 약을 지어줄 것 같은 이름이다.

불가에서는 삶을 고통이라고 한다. 가장 큰 고통은 윤회의 고통을 끊지 못하고 살아가는 것이라고 하는데 이렇게 고통스러운 백성들에게 위안을 주는 것이 바로 미륵불이다. 가보지는 못했지만 나주에는 와불이 있다고 한다. 와불은 누워 있는 불상을 말하는데, 이 불상이 일어나는 날에는 천지가 개벽하고 백성들이

오래 살 수 있으며 고통이 사라진다고 한다. 그러나 그건 너무 야박한 이야기다. 백성들은 와불이 일어나길 간절하게 빌었지만, 그들의 마음에 위안만 줬지 와불은 일어나지 않고 있으니 말이다. 그에 비해서 약사불은 조금 더 현실적인 부처라고 할 수 있다. 약사불은 원래 보살이었지만 중생들의 아픔을 없애려고 수행을 거듭하다가 부처가 됐다고 한다.

우리 선조들은 개인적인 고난에도, 외세의 침략에도, 질병과 자연재해에도 약사불을 찾으며 위안을 받으려고 했다. 약사불상은 민중의 아픔과 함께했던 불상이다.

이곳 사람들 말에 의하면 일제강점기에 일본인들이 약사불을 반출하려고 했다한다. 아마 불상의 신비한 내력을 들은 모양이다. 설봉산 영월암의 그 불상처럼 약사불 역시 탐을 냈나 보다. 그러나 불상은 옛날 전설에서처럼 움직이지 않았다고 한다. 이에 화가 난 일본 사람들이 불상의 머리를 훼손했다고 전한다. 이후 약사불을 약사전에 봉안할 때 훼손된 부분을 새롭게 조각해서 붙였고, 원래 있던 불상의 머리는 약사불 옆에 보관하고 있다.

이천에서 가장 높은 산은 원적산이다. 원적산과 정개산은 서로 붙어 있는데, 이 두 산의 산기슭에는 아름다운 산수유가 자란다. 시에서는 산수유 꽃이 아름다운 이곳에 산책길을 조성했다. 제주도의 올레길처럼 완벽한 풍광을 자랑하진 않지만 한적하게 걸을 수 있는 매력이 있다. 이곳 산책길의 이름은 '산수유 둘레

길'이다.

산수유 둘레길 코스에는 육괴정이 있는 산수유마을과 천연기념물 반룡송도 포함돼 있는데 반룡송으로 가는 길가에는 가로수가 산수유로 식재돼 있어서 산책의 기쁨을 더 크게 한다.

봄에는 파스텔 톤의 노란색이 여행객의 마음을 달뜨게 하고, 산수유가 빨갛게 익는 가을에는 한 줌 따서 주머니에 넣고 싶은 마음이 들게 한다. 둘s레길의 산수유 가로수는 의미가 있다. 충주의 사과나무 가로수처럼 지역을 홍보할 수 있고, 지나가는 사람들에겐 가을의 풍성함과 함께 이 지역만의 맛을 느낄 수 있게 한다.

반룡송에서 이어지는 산수유 둘레길은 영원사로 이어진다. 영원사를 지날 때면 스님의 목탁 소리를 들으며 쉬어갈 수 있는데, 둘레길을 따라 조금 더 깊은 숲길로 들어서면 이번엔 자연이 만드는 목탁 소리와 함께 걸을 수 있다. 자연의 목탁 소리는 스님의 그것보다 조금 더 빠른 비트로 청아함과 경쾌함이 도드라진다. 목탁 소리의 주인공은 딱따구리다. 딱따구리 한 마리가 물박달나무에 앉아 아무렇지 않게 나무를 쪼고 있다. 불가의 목탁은 청아한 딱따구리의 소리를 흉내 내서 만든 게 아닐까 싶다.

둘레길 근처에 있는 나무들을 구경하며 걷는 것도 재밌다. 산책길 주위에는 굴참나무가 많이 보이는데 굴참나무는 골이 깊은 참나무라는 뜻이다. 굴참나무는 나무 껍질이 다른 나무보다 두껍고 깊게 패어 있다. 처음에는 골참나무라고 부르다가 굴참나무로 바뀌었는데 강원도에서는 굴참나무의 엄청난 껍질을 벗겨서 지붕재로 사용한다. 이런 집을 굴피집이라 부르는데 말 그대로 굴참나무 껍질집이라는 뜻이다. 굴피집은 평야지대에서 살아온 이천 사람들에게는 좀 낯설다. 이천에는 볏짚과 억새를 이은 초가집이 흔했기 때문이다. 역시 의식주는 환경에 지배를 받는다는 진리를 굴참나무를 보면서 생각해본다.

걷는 재미와 함께 나무도 구경하고 딱따구리 목탁 소리를 들으며 산책할 수 있는 이곳은 신둔면과 백사면의 정개산, 원적산 기슭의 산수유 둘레길이다.

고당리 느티나무 | 돼지박물관 '돼지보러오면돼지'

오늘 찾을 곳은 율면이다. 율면은 이곳 이천과 안성, 그리고 충청북도가 맞닿은 곳에 있어서 시내에서 가깝지 않다. 그러나 어느 지역보다도 넓은 들을 갖고 있어 풍요로운 고장이 이곳 율면이다. 율면의 율은 한자로 밤 율(栗)을 쓴다. 그만큼 옛날에는 밤이 많았다고 하는데 율면에서도 본죽리의 밤나무가 유명했다.

본죽리 밤나무에는 재밌는 이야기가 전한다. 고당리 느티나무를 찾아가는 길에 본죽리에 잠깐 들러 옛 이야기를 떠올리며 밤나무를 찾았다.

본죽리의 옛 명칭은 본율동(本栗洞)과 죽율동(竹栗洞)이었고 그 전에는 12개의 고을에 밤나무가 많이 나서 '열두밤골'이라 불리기도 했다. 일제강점기 이후 행정구역이 개편되면서 두 마을이 합쳐져 본죽리로 바뀌었다.

열두밤골에는 과거 안동 김씨가 많이 살았는데, 안동김씨 여러 집들 중에 시어머니와 며느리 간에 사이가 좋지 못한 집이 있었다. 시어머니는 작은 일에도 툭하면 며느리를 닦달했고 며느리 역시 시어머니를 미워해 하루도 화목한 날이 없었다. 그러던 어느 날, 시어머니께 심한 꾸중을 들은 며느리는 '시어머니가 빨리 죽으면 속이 후련하겠다'라고 욕을 했는데, 그 말을 지나가던 스님이 듣게 됐다. 스님은 며느리를 불러 시어머니를 빨리 죽게 할 방도 하나를 일러 주었다. 그 방법은 '매일 아침저녁으로 밤 다섯 알을 삶아서 일 년 동안 시어머니에게 드리는 것'이었다. 며느리는 스님이 이르는 말 그대로 그날부터 열심히 밤을 삶아 아침저녁으로 시어머니께 드렸다.

드디어 기다리던 일 년이 흘렀다. 그런데 죽기를 바랐던 시어머니는 오히려 피둥피둥 살이 찌고 혈색도 좋아졌다. 그러나 변화는 있었다. 며느리의 행동에 감동한 시어머니는 며느리를 지극히 위하게 됐고, 며느리도 그 뒤로 시어머니를 진심으로 공경하게 돼 남들도 부러워하는 화목한 가정을 이루게 된 것이다. 삶은 밤은 시어머니를 죽인 것이 아니라 며느리 마음에 있던 미움을 죽였던 것이었다.

그런데 이상하다. 이렇게 재밌는 전설이 깃든 본죽리에는 밤나무가 한 그루도 보이지 않는다. 명색이 열두밤골이라 불렸는데 밤나무 한 그루 없겠냐는 생각에 본죽리 회관을 찾았다.

"글쎄… 그랬다고들 하더만 이젠 밤나무는 없지 않나? 산에 들어가면 밤이 있을까나?"

남 얘기 하듯 말하는 아주머니의 말투에서 이미 오래전에 밤나무가 사라졌음을 느낄 수 있다.

고당리로 향하는 길가에는 고추가 빨갛게 익어 가고 있다. 농촌 사람들에게 고추처럼 애증이 교차하는 작물은 없다. 고추가 밉긴 하지만 쌀 다음으로 수익성이 좋은 작물이라서 어머님들께서 아이들 교육비를 마련하기 위해 무리를 해서라도 심는 작물이 고추다. 작황이 좋고 시세가 좋으면 쌀보다 더 수익이 좋을 때도 있지만 세상에 공짜는 없다. 저기 붉게 익어 가는 고추가 이 명제의 살아 있는 증거다. 과일과 열매는 보통 여름에 뜨거운 햇살을 품고 가을에 완성돼 수확하게 된다. 그런데 이 빌어먹을 고추는 1년 중 가장 뜨거울 때 전성기를 맞는다.

이렇게 힘든 고추 농사를 왜 지을까? 대답은 간단하다. 돈이 되기 때문이다. 그뿐이다. 그래서 농부에게 빨갛게 익은 고추밭은 돈이 되고 자랑이 된다.

우리 집은 고추에 대한 아픈 추억이 있다, 아주 오래 전이었을 거다. 그해 여름, 지독한 장마로 농촌의 고추가 색이 좋지 않게 나왔다. 그런 고추를 어머니는 희나리라고 부르셨는데 정확한 표현인지는 모르겠으나 그해 고추는 희나리가 됐다. 그래도 어머니는 정성껏 키우고 햇빛에 말려 고추를 빻았다. 그렇게 만든 고춧가루의 때깔 역시 평소와 다르게 훨씬 더 옅었다. 그러나 어머니의 말로는 맛은 그대로였다. 매년 서울의 친척들이 어머니의 고추와 고춧가루를 갖고 가서 팔아주셨는데 그해는 희나리 고춧가루를 갖고 가셨다. 그러나 그해는 평소와 달랐다. 서울에 있는 친척 누님은 주위 분들에게 어머님의 고춧가루를 파시고 한소리를 들었나 보다. 다른 고춧가루들은 새빨갛게 좋은데 이건 왜 이러냐고….

어머니는 그때 많이 속상해하셨다. 반품 때문이 아니었다. 농작물은 어머니를 포함한 모든 농부들의 자부심이기 때문이다. 특히 고추는 더 그렇다. 당시 고춧가루의 색만 옅었지, 깨끗하게 씻고 햇빛 아래에서 정성껏 말렸기 때문에 맛과 품질은 좋았다. 그러나 그날 이후 한동안 어머니는 말이 없으셨다.

여러 날 뒤에 TV에서는 이런 뉴스가 흘러나왔다.

"저질 고춧가루에 톱밥과 붉은 색소를 타서 시중에 유통한 일당이 경찰에 붙잡혔습니다."

그래도 어머니께 위로는 되지 못했다.

오늘은 여름 휴가의 둘째 날이다. 오늘 답사지는 율면에 있는 나무들과 돼지 박물관이다. 고당리의 느티나무는 엄청난 크기와 수세로 마을을 지키고 있다. 산성리 어재연 장군의 느티나무에 필적할 만한 둘레와 높이다. 고당리 마을의 오래

된 수문장 같은 든든한 느낌이다. 느티나무 아래 정자에 할아버지 몇 분이 계신다. 몇 분은 누워 계시고 몇 분은 앉아서 이런저런 이야기를 나누신다. 느티나무가 얼마나 오래됐냐는 질문에 할아버님들의 의견이 엇갈리기 시작한다.

"이 나무가 이조시대에 있었던 나물거여."

"이조시대는 무슨, 고려시대 때 나무라고 이게."

고려시대라는 말에 발끈했는지 연세가 좀 더 있으신 할아버지는 쓰는 김에 더 쓰신다.

"아, 이 사람들아~ 이 나무가 고구려 때 심은 나무라는 이야기가 있어."

연배가 가장 높으신 어르신이 이야기하니까 다른 어르신들이 반박하지 못한다. 그래서 고당리 느티나무는 고구려 시대부터 전해 내려오는 나무로 결정됐다. 한 번 정해진 장유유서의 관계는 평생 가나 보다.

한 어르신이 흥미로운 이야기를 꺼내신다.

"근데 이곳이 말여, 명당터라고 해서 옛날 안동김씨 묘소가 있어. 원래 이곳에 집이 꽉 들어찼는데 여기 사람들을 다 몰아버리고 여기에 묘소를 맹글었어. 저기 능안리는 지금도 땅을 파면 그때 기와랑 그릇이 엄청 나와."

"근데 묘소는 어디 갔어요?"

"일부는 저기 저 백사인가 가좌린가 어디로 이장해 갔지."

'엉? 백사라면 내촌리에 최고의 세도권력가였던 김좌근과 김병기의 묘소가 있던 곳이고, 김조순 묘소는 부발읍 가좌리에 있는데…'

어르신들의 말씀이 허풍은 아닌 것 같다. 김조순은 순조의 장인이었고 김좌근은 그의 아들, 김병기는 김좌근의 양아들로 당시에 최고의 세도를 누리던 사람들이다.

세도정치라고 하면 이천과 거리가 멀다고 생각할 수 있다. 특히 충청북도와 인접한 율면의 경우는 한적한 곳이기 때문에 세도가문과 관련이 없을 거라 생각한다. 그러나 이곳 고당리는 세도가문의 권세에 눌려 고통을 받았던 땅이다. 기록에 의하면 김병기의 친할아버지인 김복순은 먼저 여주에 모셨다가 다시 고당리로 이장했고, 김병기의 생부인 김영근 역시 고당리로 이장했다고 한다. 또한 주변 백성들을 동원해서 민가를 헐고 300여m에 이르는 이곳 언덕에 못자리를 조성했다 전해진다.

"사람들이 집을 잃고 이 나무 아래에서 쉬기도 하고 그랬겠네요."

"그려 그랬겠지. 사람들이 금방 어디로 갈 수 있었겄어?"

고당리 느티나무 아래에는 연잎으로 가득한 작은 연못이 있다. 이 연못은 욕심 많은 장재 영감의 장재못 전설처럼 탐욕스런 그들을 혼낸 사연이라도 갖고 있지 않을까?

"돼지박물관? 진짜야? 뻥이지?"

아이에게 돼지박물관 이야기를 했을 때 처음에는 믿지 않았다. 박물관이라면 역사적 유물과 예술품을 관람하는 곳으로 알고 있는데 박물관의 주제가 돼지라니! 과연 돼지박물관이 사람들에게 보여줄 수 있는 것은 무엇일까? 나는 관장님을 꼭 만나보고 싶었다. 무슨 생각으로 돼지박물관을 만들게 됐을까? 사람들은 찾아올까? 사람들을 만족시킬 만한 콘텐츠는 있을까? 돼지고기를 이용해서 햄 정도를 만드는 체험일까?

만나기 전부터 불안감만 앞섰다. 도시는 성공에 대한 시도도 많고 좌절도 많지만, 시골에서는 시도하는 일조차 드물기 때문이다. 그것이 실패했을 때는 도시보다 더 큰 아픔이 입에서 입을 타고 시골 마을을 유령처럼 돌아다닌다. '시골에서 그렇지 뭐'라는 좌절감만 퍼질 수 있다. 그런 말은 정말 듣기 싫다.

요즘 시골에서는 돼지와 소를 기업적인 형태로 기르고 있지만 내가 어렸을 때

만 해도 집마다 돼지 두세 마리와 소 한두 마리씩은 키웠다. 여름에는 소를 개울가에 매어뒀고, 겨울에는 볏짚을 잘라 쌀겨와 함께 물에 푹 삶아서 밥으로 주곤 했다. 나는 초등학교 입학 전부터 할머니의 조수가 돼서 쇠죽을 쑤었다. 돼지는 소에 비해 손이 덜 가는 동물이다. 물론 치우는 게 힘들지만 먹이에 대한 걱정이 덜하다. 돼지는 잘 먹는다. 무엇이든 먹는다. '저걸 먹어?'하고 놀라는 것들도 특유의 소리를 내면서 먹어댄다.

그렇다면 돼지박물관에서는 이렇게 게걸스럽게 먹는 돼지의 모습을 보여주는 것인가? 사람들이 그런 돼지의 모습을 보려고 올까? 궁금 반, 걱정 반의 마음으로 돼지박물관 '돼지보러오면돼지'를 찾는다.

돼지박물관의 외관은 무척 깔끔하고 예쁘다. 대도시에서 볼 수 있는 박물관과 비슷하다. 박물관 앞에는 기념품을 파는 상점과 커피 등의 간단한 음료를 파는 곳이 있고, 그 옆에 돼지를 관람할 수 있는 돼지우리가 있다. 안쪽에는 돼지 야외공연장이 있다. 공연장에서는 돼지 달리기 대회와 돼지 쇼가 열린다. 박물관의 가장 안쪽에는 예쁜 공원이 조성돼 있는데 도시의 박물관은 흉내 낼 수 없는 아름다운 숲과 시냇물 정원으로 이뤄져 있다. 꽤 공을 들인 정원임에 틀림없다.

나와 아들이 박물관에 도착했을 때는 사람들이 돼지 쇼를 보러 나오는 중이었다. 야외에서 진행되는 돼지 쇼는 돼지들의 행진은 물론 갓 태어난 새끼 돼지들도 구경할 수 있다. 한 초등학생은 갓 태어난 돼지를 품에 안았다가 돼지가 자지러지게 우는 탓에 돼지를 놓칠 뻔 했다. 이곳에서는 아이들이 돼지를 직접 만지면서 돼지에 대한 거부감을 없애고 돼지를 알아갈 수 있을 것 같다.

박물관에서 가장 인기 있는 프로그램은 '돼지운동회'라고 한다. 운동회에서는 여섯 마리의 돼지가 축구와 볼링 등의 다양한 묘기를 보여주는데, 관람자들에게는 놀이를 통해 돼지의 습성을 함께 배울 수 있는 시간이라고 한다. 이런 재밌는 프로그램 때문에 방송국에서 여러 차례 촬영을 하기도 했단다. 박물관에 있는 돼지들은 방송과 CF에도 출연한 유명한 돼지들이다. 특히 해피라는 돼지는 아이들에게 가장 인기 있었는데, 해피는 물건을 입으로 주워 상자에 정리할 수 있을 정도로 똑똑하다. 꿀순이는 축구가 특기인데 장애물을 요리조리 피해 공을 몰아 골대에 넣을 수 있어서 돼지박물관의 돼지 박지성으로 불린다. 이외에도 박물관에서는 예쁜 미스 진과 해피의 딸, 봉자도 만날 수 있다. 물론 이 책이 나올 때쯤에는 엄청난 크기로 자라 귀여움과는 거리가 멀겠지만.

율면의 돼지박물관 '돼지보러오면돼지'는 세계에서 독일에 이어 두 번째로 설립된 돼지 전문 박물관이라고 한다. 우리는 돼지를 탐욕스러운 동물이라 생각하고 돼지우리는 냄새나고 지저분하다고만 말하는데, 돼지박물관장님은 박물관을 통해 이러한 사람들의 인식을 바꾸고 싶었다고 말한다.

돼지박물관에 오면 귀여운 돼지를 직접 안아볼 수 있고, 달리기 경주를 하는 돼지를 응원할 수도 있다. 가을 돼지국밥축제날에 아이와 함께 돼지박물관을 구경한다면 따끈한 돼지국밥도 맛볼 수 있다. 이종영 돼지박물관장이 정성껏 가꾼 돼지박물관, 실패하지 않을 시골의 박물관 '돼지보러오면돼지'는 율면 월포리에 있다.

율현동 음나무 | 시내권 석탑 · 석불 순례

귀신 쫓는 나무 이야기

청소년기에는 누구나 완전하지 못하다. 그래서 사람들에게 상처를 주기도 하고 받기도 한다. 또는 상처받지 않으려고 가시를 세워 자신을 방어하기도 한다. 시간이 지나고 어른이 되어 가면서 받았던 상처도 아물고 가시도 점점 무뎌지는데 그건 시간의 힘이 아닌가 싶다. 물론 해당 안 되는 사람이 많아서 문제긴 하지만.

인간처럼 어릴 때 날카로운 가시를 품고 있는 나무가 있다. 음나무는 엄나무라고도 부르는데 줄기를 약재처럼 묶어서 팔기도 한다. 신경통과 당뇨에도 좋고, 백숙에 엄나무를 넣어 삶으면 육질이 부드러워진다고 해서 사람들이 많이 찾는다. 웬만한 마트에는 어린 엄나무 줄기를 파는데 무지막지하게 생긴 가시 때문에 가시오가피인줄 알았던 적도 있다. 음나무는 어릴 때 온몸에 가시를 세우고 있지만, 세월이 지나면 자신이 지니던 가시를 거두어들인다. 철이 들어가는 것이다.

질풍노도의 청소년도 군대에 갈 나이가 되면 가시가 좀 무뎌진다. 완전히 변하는 것은 아니지만 자신의 나이에 책임지지 못할 일을 덜 하게 된다. 음나무 앞에서 우리 아이들의 모습과 인간의 삶을 떠올릴 수 있다.

옛날에는 아이들에게는 '음'이라는 장신구를 달아서 병을 막기도 했다. 이 장신구는 액막이 역할을 했는데, 옛사람들은 아이들이 음을 달고 있어야 오래 살 수 있다고 믿었다. '음'이라는 이름도 음나무로 만들기 때문에 붙은 것이다.

음나무는 어려서는 '음'으로 만들어지지만, 어른이 되면 엄청난 크기로 자라 동네 어귀를 지키는 당산나무 역할을 했다. 음나무는 덕목도 좋은 나무다. 가시 달린 줄기는 삼계탕의 재료로 쓰이고, 어린 순은 개두릅이라고 해서 나물처럼 먹었다. 원래 이름에 '개'가 붙으면 질이 떨어지거나 야생 상태를 의미하는데 음나무

개두릅은 두릅보다 더 맛있다고 한다.

이천에서도 음나무 고목을 만날 수 있다. 율현동 큰 도로변에 큰 음나무가 자리 잡고 있는데 작은 언덕을 두르고 있어서 주의 깊게 보지 않으면 그냥 지나치게 된다. 보통 오래된 나무의 나이는 100년이나 50년 단위로 끊는데, 율현동 음나무는 수령이 214년이라고 한다. 214년 전이면 조선 후기였을 텐데 나무와 관련한 무슨 유래라도 있나 보다. 그런데 작년이나 10년 전에도 이 나무의 나이는 214년인 것이 함정이다. 1982년에 보호수로 지정됐으니 지난 세월만큼 나이를 더 해야 하는 게 아닐까?

율현동 음나무에서는 아이들에 대한 안쓰러움, '음'과 관련한 선조들의 이야기, 어린 시절 먹거리에 대한 추억을 떠올릴 수 있다. 음나무는 나이가 들면 가시를 거둔다. 그러나 인간은 어른이 되어도 철이 들지 않을 때가 있다. 남을 괴롭히고 뒤에서 모략하고 '갑'이란 이름으로 약자를 괴롭히는 그들. 그들은 어떻게 철이 들어야 하는지 율현동 음나무에 와서 보고 배우길 바란다.

고려시대, 이천에는 무슨 일이 있던 걸까?

이천의 기치미고개와 넓고개는 세트라고 할 수 있다. 서울에서 3번 국도를 타고 곤지암을 지나 고개 하나를 넘으면 이천 신둔이 나오는데 그 고개의 이름이 넓고개다. 다시 신둔을 지나 시내 쪽으로 향하면 고개를 하나 더 만나게 되는데 이 고개 이름이 바로 기치미고개다.

기치미고개와 넓고개라는 이름이 붙은 데에는 연유가 있다.

신립 장군은 임진왜란 때 충주전투에서 일본에 크게 패하며 전사했는데, 패전 후 병졸들이 신립의 시신을 급하게 수습해 이천을 지나게 됐다. 이천에 당도하기 전까지 부하들이 '장군님!'하고 부르면 시신으로 남은 신립이 '오냐!'라며 응답을 했다. 그런데 이곳 기치미고개를 넘으면서 다시 부르자, 대답 대신 '어험!'하고 기침을 했다. 그 후 넙고개를 지날 때 또 다시 장군을 불렀지만 장군은 더 이상 대답하지 않았다. 패전의 원한으로 육신에 붙어 있던 넋이 결국 몸을 빠져 나간 것이다. 이러한 연유로 이곳 이천의 두 고개는 '기치미고개'와 넋이 나간 고개라는 뜻으로 '넋고개' 혹은 '넙고개'로 불리게 된 것이다.

서울 쪽에서 3번 국도를 타고 기치미고개를 넘어 내려오는 길에 이천소방서를 끼고 좁은 길로 들어서면 바로 관고동 불상을 만날 수 있다. 관고동 불상은 전형적인 고려시대의 불상이다. 고려시대 불상은 전체적으로 형태가 불균형하고 어느 한 곳을 과장해서 표현하는데, 이곳 관고동 불상 역시 고려시대 불상의 모습을 하고 있다.

"아빠, 돈 가진 거 있어? 이 불상은 돈 달라는 것 같은데?"

관고동 불상의 거대한 왼손은 다소곳하게 차렷 자세를 하고 있고, 더 커다란 오른손은 앞으로 내밀어 손바닥을 내어 보이고 있다. 정말 무언가를 달라고 하는 자세다.

"아빠, 진짜 돈 넣어야 할 것 같은데? 돈 통도 앞에 있어!"

불상 앞에 돈 통처럼 생긴 함이 있다. 손을 내민 불상 앞에 통까지 있으니 불상이 앵벌이 같아 보이기도 한다. 웬만하면 우리나라 모든 불상 앞에 있는 돈 통은 치워주길 바란다. 우리 선조가 만든 불상을 앵벌이로 보이게 하는 일은 없었으면 좋겠다.

관고동 불상은 손만 큰 것이 아니다. 불상의 귀는 목을 덮고 어깨까지 내려온다. 큰 귀는 고통 받는 백성들의 이야기를 잘 들으려 한다는 그럴듯한 이야기를 붙일 수 있을 것 같다. 관고동 불상의 높이는 4m에 달하는데 얼굴만 놓고 보면 잘생긴 불상이 틀림없다. 그러나 훼손된 흔적과 시멘트로 보수한 흔적이 있어서 아쉽다. .

관고동 불상이 귀와 손이 극단적으로 크다면 갈산동 석불은 키가 상당히 크

다. 그래서 아들은 갈산동 석불을 키다리 석불이라 부른다.

석불의 볼은 통통함을 넘어 사각턱으로 보이고, 이마에는 백호공을 박았던 흔적이 있다. 오른손은 손바닥을 밖으로 향해 들고 있고, 왼손은 손바닥을 아래로 향하게 해서 밖으로 내보인다. 불상의 높이는 관고동 석불과 비슷하지만 폭이 좁아서 훨씬 키가 커 보인다. 정말 키다리 불상이라고 할 만하다. 갈산동 석불은 아픔을 가지고 있는데, 예전에 호리호리한 몸이 세 동강으로 끊어져 방치돼 있었다고 한다. 이후 1980년대에 보수를 해 현재 갈산동 자리에 옮겨 놓았다.

옛 시청 자리에는 잘생긴 삼층석탑이 있다. 공동묘지가 있던 곳에 무너져 방치돼 있던 것을 1970년대 옛 시청으로 이전했다. 방치됐을 때 훼손된 흔적이 기단 귀퉁이에 깨진 모습으로 남아 있어 아쉽다. 이 석탑의 꼭대기에는 찰주공이 있다. 찰주공은 쇠기둥을 박았던 구멍인데, 쇠기둥을 박는다면 경주의 감은사 삼층석탑처럼 웅장한 멋을 지닐 지도 모르겠다. 지금이라도 복원하면 어떨까 싶다.

설봉산 기슭에서는 더 많은 석탑을 감상할 수 있다. 무너졌던 후안리 오층석탑을 비롯해 여러 석탑들을 복원해 박물관 옆 뜰로 이전해서 사람들을 기다리고 있다.

이천에서는 다른 어떤 지역보다 고려시대의 불교와 관련한 예술품을 다양하게

만날 수 있다. 고려시대의 이천과 불교 사이에 어떤 연관이 있기에 이렇게 넘쳐 나는 것일까. 앞에서 이야기한 것처럼 미륵불을 자처했던 궁예의 흔적 탓일까? 아니면 다음 미륵불이 탄생할 예정지가 바로 이곳 이천이었던 것일까? 이천에 오면 고려시대의 뜨거웠던 불교와 함께 불교미술의 다양함을 만날 수 있다.

세상 모든 것은 제자리로 돌아와야 한다

일본 도쿄에는 오쿠라 호텔이 있다. 호텔 뒤편 정원에는 대한민국을 대표하는 석탑 둘이 있는데, 평양 율리사지에서 일제강점기에 약탈해 간 율리사지 팔각오층석탑과 이천오층석탑이 그것이다. 이 두 석탑은 기업인 오쿠라가 세운 오쿠라 재단을 통해 일본으로 반출됐는데 두 석탑 모두 가치가 높은 우리 문화재다. 이천오층석탑은 이천향교 앞을 지키던 탑이다. 현재는 양정여고가 들어섰지만 학교에서는 탑이 언제라도 돌아올 수 있도록 석탑이 있던 자리를 비워 놓고 기다리고 있다.

2015년 북한은 조선불교도연맹을 통해 일본에 평양 율리사지석탑의 반환을 요청해 놓고 있다. 북한과 일본은 정상적 국교관계가 맺어진 상태도 아니고, 문

3층 석탑과 이천오층석탑이 있던 자리
3층 석탑 원 소재지 : 학교법인양정학원(이천양정여자중.고등학교 교정 일대(경기 이천시 관고동 77)
3층 석탑 이전 장소 : 설봉공원 이천시립박물관(경기 이천시 관고동 417)
이 자리에 있었던 3층 석탑은 고려시대에 조성된 평면 정4각형의 석탑으로 현재 높이 3.03m, 가로 1.52, 세로 1.53의 3층의 규모만 남아 있지만 5층이었을 것으로 추정된다.
이 일대에는 신라 말~고려 초기의 양식을 보이는 2기의 석탑이 조성되어 천여 년의 세월 동안 이천의 백성들과 함께 이 땅을 지켜온 유서 깊은 장소이다.
3층 석탑과 마주보고 서있었던 이천오층석탑이 조선총독부에 의해 1915년 이천에서 서울 경복궁으로 옮겨졌다가 1918년 일본 오오쿠라 슈코칸(박물관)으로 반출된 것으로 보아 두 석탑 모두 문화재적 가치가 높았음을 알 수 있다.
2008년 범시민운동으로 이천오층석탑 환수위원회를 결성 다양한 환수운동과 협상을 하며 3층 석탑의 이전 필요성이 제기되어 오던 중 학교법인 양정학원(이천양정여자중.고등학교) 이 해외반출 문화재의 환수를 위한 중대한 결정을 내려 2013년 4월 13일 이천시립박물관 으로 이전 설치하게 되었다.
2013년 4월
이천오층석탑 환수위원회

화재 반환의 선례가 없기에 앞으로 어떤 결정이 내려질지 귀추가 주목되고 있다. 그러나 오쿠라 호텔 뒷마당에 율리사지석탑과 형제처럼 서 있는 우리의 이천오층석탑은 미래가 더 불투명하다. 일본은 우리나라와 1965년 맺은 한일협정으로 문화재반환에 대한 문제가 종결됐다고 주장한다. 국민의 격렬한 반대에도 박정희 정부가 주도한 한일협정에서 무상차관, 즉 일본으로부터 소위 공돈을 받으며 한일 간 청구권에 대해 완전히 해결된 것으로 협정을 맺었기 때문이다.

이천에서는 2006년에 이천오층석탑 환수위원회를 결성해 오쿠라재단에 석탑의 환수를 요구한 바 있다. 그러나 오쿠라재단은 한일협정을 근거로 들면서 도리어 한국에 1억 5000만엔 상당의 우리 문화재와 이천오층석탑을 바꾸자며 억지 제안을 했다. 도둑이 매를 든 상황이라고나 할까.

예전 이천의 한 국회의원이 오쿠라재단의 일본인에게 '이천오층석탑을 잘 보관해줘서 고맙다'는 취지의 말을 전했다고 한다. 그는 "만약 이천오층석탑이 이천에 있었더라면 한국전쟁 때 유실될 수도 있었다. 일본이 이를 잘 보관해준 것에 대해 고맙게 생각한다"라고 말한 것으로 알려졌다. 정말 부끄러운 일이 아닐 수 없다. 아무리 외교적 수사 차원의 발언이라도 물건을 훔쳐간 사람에게 고맙다는 발언은 자기 가족의 자존심을 밟는 것이나 다름없다.

사물은 모두 자기가 있어야 할 자리에 있어야 비로소 빛을 낼 수 있다. 축구선수는 축구할 때 빛이 나고, 도공은 물레 앞에 앉았을 때 빛난다. 돌멩이 하나, 나무 한 그루 모두 자기가 있어야 할 곳에 존재해야 한다. 돌멩이 하나가 이럴진대 사람의 종교적 신념과 예술혼으로 탄생한 석탑은 어떠할까.

그들은 입으로 유감의 표시를 하며 과거를 보지 말고 미래를 보자고 말한다. 그러나 진정한 사과는 마음 깊숙한 곳에서 우러나온 진정성과 함께 그들이 강탈해 간 우리의 문화재를 원래 자리로 돌려놓는 것에서 시작돼야 한다. 그래야 그에 대한 용서를 생각할 수 있고 함께하는 미래를 생각할 수 있다.

일본 어느 호텔의 뒷마당에서 타국인의 눈요깃거리로 전락한 이천오층석탑, 그 석탑에는 석탑을 만든 장인의 노력과 석탑 앞에서 발원하던 백성들의 숨결이 담겨 있다. 부당하게 빼앗긴 이천의 석탑과 대한민국의 모든 문화재들은 다시 제자리로 돌아와야 한다. 그리고 다시 사람들의 사랑을 받고 빛나야 한다.

25

효종의
꿈을 꺾은
희대의 간신 이야기

진암리 느티나무 | 자점이보 | 석남사 석가영산회도

오늘 찾아갈 답사처는 장호원 백족산 기슭의 진암리 느티나무와 청미천을 막고 있는 자점이보다. 장호원은 '긴 호수가 있는 곳의 원'이라는 뜻인데, 옛날에 장호원의 청미천이 범람하면서 하천 주변에 커다란 늪 형태의 호수를 만들었다고 한다. '원'이라는 것은 고려시대와 조선시대 출장하는 공무원들을 위해 설치한 숙식 시설이다. 원이라는 이름이 붙은 도시들은 대개 이러한 숙식 시설이 있던 곳을 의미하는데 조치원과 사리원, 그리고 이곳 장호원이 유명하다.

첫 답사처인 진암리 느티나무는 과거 명성황후가 난을 피해 도망 왔을 때 잠깐 쉬어 갔던 나무라고 전한다. 역시 복숭아와 배의 고장답게 느티나무로 향하는 길 옆에는 복숭아밭과 배밭이 펼쳐 있는데 딱 한 군데에 사과밭이 있다. 예전 장호원에는 사과과수원도 많았는데 이제 거의 사라져 보기 힘들게 됐다.

"복숭아가 돈이 되니까 그렇죠."

과수원을 운영하는 엄철흠 씨의 우문현답이다. 이곳 사과과수원은 사장님의 할아버님이 가꾸기 시작했다고 한다. 할아버지는 6.25전쟁 전에 북에서 내려왔는데, 내려오면서 사과기술을 갖고 와서 이 근방을 일구셨다고 한다.

사과는 3년생 가지 이후에서 열린다고 한다. 그리고 심은 지 5~8년이 지나야 상업적 생산이 가능하다. 사과도 인간처럼 어른이 돼서야 경제활동을 할 수 있다는 말이다.

진암리의 사과밭에는 사과가 열려 있다. '주렁주렁'이라는 부사어가 가장 잘 어울리는 열매는 사과가 아닐까 생각해본다. 어떻게 메마른 가지에서 이리 탐스러운 열매가 열릴 수 있단 말인가?

아들과 아내는 사장님의 허락을 받고 과수원 구석구석을 다니면서 사과 구경에 여념이 없다. 사과 구경한다는 것은 둘째 이유고, 떨어져서 흠이 생긴 사과는 가져가도 된다는 사장님의 말에 눈에 불을 켜고 찾고 있는 중이다.

사장님과 한 바퀴 돌면서 자세히 보니 이곳 과수원의 사과나무도 대목을 했다. 대목이란 사과가 아닌 다른 나무에 접붙이기를 하는 것을 말하는데, 사과에 접붙이기를 한 부분이 볼록하게 튀어나왔다.

"사장님, 대목을 하셨네요. 사과나무가 힘이 없어서 다른 나무에 대목을 하신 거죠?"

여기저기서 주워들은 이야기로 아는 체하며 여쭤봤는데 사장님의 입에서는 예상과 전혀 다른 이야기가 나온다.

"그 반대죠. 사과나무는 수세가 워낙 강해서 뿌리도 깊게 들어가고 가지도 크게 뻗어 나갑니다. 근데 그러면 안 돼요. 나무의 힘을 키 크고 몸무게 늘리는 것에 쏟다 보면 정작 열매를 맺는 것에는 소홀할 수밖에 없는 거죠. 그래서 뿌리와

가지가 깊게 뻗어 나가지 못하게 하고, 그 축적한 힘을 열매 맺는 곳에 집중할 수 있도록 수세가 약한 다른 나무에 대목을 하는 겁니다.”

과수원 사장님은 말씀을 유창하게 이어 나가신다. 이런 분들을 달변가라고 하나 보다.

진암리 과수원에서 조금만 내려가면 진암리 느티나무를 만날 수 있다. 이 느티나무에는 피부병에 걸린 사람을 치료했다는 흔한 전설 하나와 명성황후에 관련된 이야기 하나가 전해 내려온다. 명성황후는 고종의 부인이자 조선 마지막 임금인 순종의 어머니, 시아버지인 흥선대원군의 정적이었다. 그리고 일본에 의해 참혹한 죽음을 맞은, 격정의 조선 역사에서도 손에 꼽을 정도로 파란만장한 삶을 산 비운의 인물이다.

고종이 성인이 되고 흥선대원군이 섭정에서 물러나자 명성황후가 권력을 잡게 됐다. 권력에서 물러난 흥선군에게도 다시 권좌에 오를 기회가 오는데, 그 사건이 바로 ‘임오군란’이다.

임오년, 즉 1882년 무렵 민씨정권은 양반 자제로 구성된 신식군대에 비해 빽 없고 돈 없고 불평 적은 구식군대를 차별한다. 구식군대는 월급도 오랜 기간 받지 못하고, 급여로 겨우 받은 쌀마저 먹을 수 없을 정도로 형편없었다. 이에 분개한 군졸들은 당시 권력자이자 명성황후의 측근인 민겸호의 집에 몰려가 집을 파괴하고 폭동을 일으킨다. 흥선군은 이런 상황을 이용해서 민씨 세력을 몰아내고 다시 정권을 잡으려고 했다. 이에 목숨이 위태로워진 명성황후는 궁궐을 빠져나와 친정이 있는 여주로 도망가려 했다. 그러나 흥선군이 보낸 군대가 이미 여주에서 기다리고 있었다. 그래서 명성황후는 먼 친척이 있는 이곳 장호원 근방으로 오게 된 것이다.

그녀는 도망 오면서 다리가 아파 이곳 진암리 느티나무 아래서 쉬었다고 한다. 그때 그녀의 심정은 어땠을까 싶다. 분노였을까? 아니면 두려움이었을까?

결국 흥선대원군은 민씨 세력의 요청으로 출동한 청나라 군대에 납치되며 임오군란은 민씨 세력의 부활로 씁쓸하게 끝났다. 명성황후는 장호원에 올 때는 숨어들어 왔지만 나갈 때는 위풍당당한 모습으로 환궁한다. 진암리 느티나무 아래에 서면 망해가는 국가에 대한 안쓰러움과 명성황후의 처지가 묘하게 교차됨을 느낀다.

청미천은 용인의 원삼에서 발원해 안성의 일죽과 장호원을 지나 남한강으로 흘러 들어가는 총 길이 37.5km의 비교적 규모가 큰 하천이다. 청미천은 장호원의 백족산을 휘돌아 나가면서 장호원의 넓은 들에 물을 공급하는 귀한 하천이다. 이곳에는 인조와 효종 시절 간신의 대명사인 김자점과 관련된 옛 이야기가 전한다.

김자점은 할아버지가 높은 관직에 있었기에 음서로 벼슬길에 나간 인물이다. 그는 광해군 시절, 광해군을 몰아내고 인조를 왕으로 세우는 인조반정에 가담해 일등공신이 되어 출세가도를 달리게 된다. 그러나 병자호란 때 임진강 전선의 책임자로 선임됐음에도 제대로 대처하지 못해 그 책임을 물어 유배를 당하기도 했다. 그는 유배에서 풀려난 뒤 다시 권력의 정점에 서서 경쟁자들을 역모 혐의로 고발해서 죽이고 유배를 보내는 등 국정을 농단하기 시작한다. 그리고 자신의 손자와 인조의 딸인 효명옹주를 결혼시키며 외척 세력이 되어 권세를 누린다.

이후 인조의 죽음으로 효종이 왕위에 오르고 송시열 등의 새로운 세력을 등용하며 김자점을 내치는데, 이에 위기를 느낀 김자점은 역관들을 동원해 효종이 청나라를 정벌하려 한다는 이야기를 청의 황제에게 전달하며 마지막 발악을 하게 된다. 그러나 결국 무위로 끝나며 능지처참으로 영욕의 생을 마감한다.

김자점은 친명배금이라는 명분으로 인조반정에 가담을 했지만 그의 삶은 그것과는 정반대였다. 그는 북벌을 주장하던 임경업을 고문으로 죽였고, 북벌을 준비하던 효종의 계획을 청에 폭로했다. 또한 권력에서 밀려나자 역모를 계획했던 자역시 김자점이었다.

이곳 청미천에는 김자점과 관련된 곳이 있다. 김자점은 인조시절 권세를 쥐게되자 전국의 명당터를 수소문하기 시작했다. 최고의 명당터에 조상의 묘를 모시면 자신의 권세가 영원히 지속될 것으로 믿었기 때문이다. 마침 청미천이 내려다보이는 백족산 기슭 '비룡상천형'에 명당자리가 있다는 것을 알게 됐고, 사람들을 동원해 아비의 묘를 명당으로 이장한다. 비룡상천형이란 용이 날아오르는 형상의 지형으로 이곳에 선조의 무덤을 조성하면 왕이 될 수 있다고 전한다. 그러나 이곳 백족산은 완벽한 비룡상천형의 풍수터는 아니었다. 비룡, 즉 용이 날아오르려면 많은 물이 있어야 하는데 백족산 앞의 청미천은 용이 날아오를 수 있을 정도의 수량이 아니었기 때문이다. 현재도 청미천은 날이 가물 때면 수심이무릎도 되지 않는데 예전에도 그랬나 보다. 이곳의 명당자리가 탐났던 김자점은쉽게 포기하지 않았다. 김자점은 사람들을 동원해서 명당터 앞 청미천에 커다란보를 막아 물을 채우기 시작했고, 결국 물을 가득 채워 비룡상천형의 명당을 완

성할 수 있었다. 이에 사람들은 김자점이 쌓았다고 해 이곳을 자점보, 자점이보, 또는 자재미보라 부른다.

나중에 김자점이 역적으로 내몰려 죽자 이곳 자점이보는 근방 백성들이 사용하게 됐는데, 이후 다른 곳은 가뭄으로 흉년이 들어도 이곳만은 가뭄의 고통에서 벗어날 수 있었다고 하니 아이러니가 아닐 수 없다.

김자점이 역모죄로 죽은 후 사람들이 김자점 아비의 묘를 파헤쳤을 때 놀라운 일이 벌어졌다고 한다. 아비의 시신이 거의 용의 모습이 되어 굴을 뚫고 자점이보 쪽으로 향하고 있었다는 것이다. 사람들은 그것이 자점이보에 닿았으면 정말 용이 되어 승천하는 것은 물론 김자점은 왕이 될 수 있었을 거라 말한다.

현재 김자점의 자점이보는 유실됐지만 그 자리에 현대식 보가 들어서서 비룡상 천형의 명당자리 앞을 지키고 있다. 새로 만들어진 보의 이름 역시 '자점이보'다.

옛날 자점이보가 있던 곳 근처 백족산에는 임진왜란 무렵까지만 해도 엄청나게 큰 절이 있었다고 한다. 절의 이름은 석남사다. 석남사에는 '석남사 석가영산회상도'라는 유명한 불화가 있었다. 석남사 불화는 불교미술사에 있어서도 의미가 매우 큰데, 불화를 조성한 연대가 정확히 남아 있기 때문이다. 불화가 완성된 시기는 1592년 초로 기록돼 있다. 임진왜란이 그 해 봄에 시작됐으니 불화가 완성되자마자 전쟁이 발발했다고 할 수 있다.

석가모니불화 중에서 석가모니가 영취산에서 설법하는 모습을 형상화한 그림을 '영산회상도'라고 한다. 영취산은 고대 인도의 마가다국에 있던 산이자 석가모니가 처음 설법했던 장소로 유명하다. 당시의 설법 내용을 기록한 것이 그 유명한 법화경이고, 그것을 그림으로 표현한 불화가 영산회상도다. 당시 백족산 석남사에서 정진을 하던 스님들에게는 백족산이 바로 영취산이었고, 자신들은 부처의 제자들이라고 생각했을 것이다.

임진왜란이 일어나고 석남사 석가영산회상도가 사라진 뒤 그림은 교토의 한 사찰에서 발견됐다. 불화의 유래를 알 수 있었던 것은 불화에 적혀 있던 문구 때문이었다.

'만력 20년 임진년 원월(1592년 1월)에 백족산 석남사에서 완성했다.'

귀한 그림이 이국땅에 있는 것을 안타깝게 여긴 우리의 고미술 연구자가 사찰을 설득해 국내의 경매시장으로 들어오게 했다고 한다. 그리고 그림은 얼마 전 국내에서 벌어진 경매에서 8억이 넘는 금액에 우리나라 사람에게 낙찰돼 현재는 국내에 남아 있다. 성리학을 신봉하는 사대부들을 중심으로 건국된 조선왕조는 건국 초기부터 강력한 억불 정책을 폈다. 사대부들은 유교를 권했지만 유교가 발원과 신앙의 대상이 되기는 힘들었나 보다. 왕과 대군 등의 종친들이 궁궐 안에 개인불사를 두고 선왕에 대한 명복을 빌거나, 예배의 대상으로 불상과 불화를 제작했으니 말이다. 이 때문에 조선 초기의 불교미술은 고려시대에 비해 질적으로 떨어지지 않았다. 성종 이후에는 잠시 쇠퇴했지만 명종 대에는 정치적 실권을 장악한 문정왕후의 후원으로 다시 중흥기를 맞아 불화가 쏟아져 나오기도 했다. 석남사 불화도 이러한 흐름 속에서 태어난 역작이 아닐까 싶다.

06

가족과
함께 걷는
답사여행

26 | 산과 호수, 그리고 도자의 행복한 만남

설봉공원 | 세라피아 | 이천박물관 | 설봉호수

지역 사람들이 가장 아끼는 설봉공원

설봉공원은 이곳 사람들이 가장 사랑하는 공원이다. 설봉공원에 약수터, 테니스장, 국궁장, 인공암벽등반장 등이 있다는 말은 생략하겠다. 아는 사람은 이미 알 테고, 외부 사람도 그리 큰 관심을 갖지 않을 테니 말이다.

설봉공원은 도자가 테마인 공원이다. 수도권에 사는 사람들은 매년 열리는 도자축제에 한 번쯤은 와 봤을 것이다. 아닌가? 아니라면 이번 차례를 통해 설봉공원(세라피아)을 만나보자.

주차를 하고 공원 입구에 들어서면 커다란 전통 도자 가마를 만날 수 있다. 축제 기간이나 대보름, 또는 새해 첫 해가 뜨는 날 등의 특별한 날에는 이곳 도자 가마터에서 도자기 굽는 모습을 볼 수 있다. 도자에 관심이 많거나 특별한 추억을 원하는 사람들은 밤을 새면서 도자 가마 옆에 앉아 이야기하기도 한다. 지금은 전기나 가스불로 도자를 굽는 가마가 공산품처럼 취급되고 있어서 전통 장작 가마를 쉽게 볼 수 없기에 설봉공원의 장작 가마는 색다른 추억거리가 된다.

장작 가마터에서 조금만 오르면 곰방대 가마 조형물을 만날 수 있다. 곰방대 가마는 장작 가마 모양으로 만든 전시실이다. 장작불이 아래에서 위로 타오르듯이 관람객들 역시 전시실 아래쪽에서 위로 오르면서 감상할 수 있는데, 즉 관람객 한 명 한 명이 불꽃이 되어 도자를 관람하는 것이다. 그렇게 곰방대의 맨 끝 전시실을 관람하고 나오면 세라피아 창조센터가 나온다. 이곳은 한국도자재단에서 운영하는 우리나라 최대의 도자체험 박물관이다. 창조센터에서는 아이들이 도자 체험도 할 수 있고, 도자 명장들의 명품 도자도 감상할 수 있다. 또한 감성 가득한 젊은 작가부터 유명한 외국 작가의 작품까지 감상할 수 있다.

창조센터 1층에서는 한국도자재단이 젊고 유능한 도자 인재들에게 부스를 내주어 최대 2년간 운영할 수 있는 기회를 지원하고 있다.

이곳에서 흥미로운 작품을 만드는 젊은 작가 둘을 만났다. 유경옥 작가는 도자로 여자 아이를 만든다. '액터'라는 이름의 작품들인데 아이들 얼굴이 어딘가 낯이 익다.

"아이들이 친근한데 혹시 작품의 모델이 따로 있나요?"

"아… 이 작품들이요? 이 작품들 모델은 모두 저예요."

어쩐지 통통한 볼이 닮았더라니…. 작가는 쑥스러워 하며 말을 잇는다.

유경옥 작가가 만드는 인물 도자들은 대부분 자신을 표현한다. 사회적 가면을 쓴 사회구성원으로서의 자신과, 개인으로서의 자신 사이의 미묘한 차이에서 작품의 모티프는 시작된다. 그렇게 병립하던 여럿은 시간이 지나면서 누가 진짜 자신인지 모르게 되는데, 그녀의 작품은 이러한 자기 인식에 대한 혼란에서 출발한다고 말한다. 그녀는 타인과 함께 있는 공동체 속 자아의 모습을 인물 도자에게 투영시키고 관람자의 시각으로 이를 관찰하며 느끼는 감정을 표현했다고 한다.

자신을 가장 잘 이해하는 사람은 자기 자신이다. 사람의 내면을 표현하기 위해서 자기 자신을 모델로 삼는 것은 어쩌면 당연한 일인 지도 모르겠다.

함께 작업을 하는 하성미 작가 역시 범상치가 않다. 하성미 작가가 만드는 도자 역시 인체모형을 하고 있지만 몸은 인형처럼 보일 때도 있고, 동물의 몸을 하고 있기도 하다. 어렸을 때 작가는 사람들과의 관계가 편치 않았는데, 도자를 만들어 도자 속의 인물들과 마음속으로 대화하면서 많은 위로를 받았다고 한

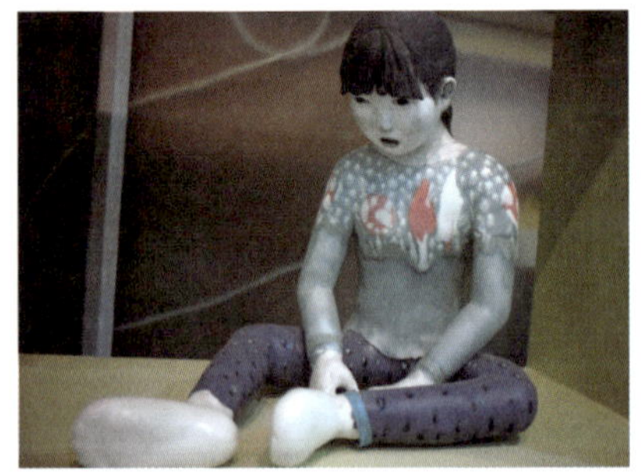

다. 그녀는 자신의 손을 통해 매 순간 느끼는 일상의 감정을 작품으로 표현한다고 말한다. 그래서 그런지 그녀가 만드는 작품의 이름은 모두 소울 메이트(Soul mate)라고 붙어 있다.

이렇게 사람의 형체를 만드는 도자를 인체조형이라고 하는데 두 작가의 만드는 방식은 완전히 다르다. 유경옥 작가는 몸통과 다리, 팔 등을 물레를 이용해서 각기 만든 다음 하나씩 이어서 완성하는데, 하성미 작가는 손으로 흙을 밧줄처럼 감아서 만드는 코일링 기법으로 형체를 만든다. 그래서 두 작가가 만든 작품은 느낌이 많이 다르다.

나도 한때 인체조형에 빠져서 도자로 인물을 만들 때가 있었다. 모딜리아니를 좋아해서 그의 작품을 모방한 인체조형을 만들었다. 내가 선택한 조형 방법은 섬세한 코일링 기법도 아니고 작은 오차도 허용하지 않는 물레 조형도 아니었다. 코일링은 시간과 노력이 많이 들고, 물레는 세밀하게 하나하나 맞춰가는 작업이 쉽지 않다. 내가 만드는 방법은 흙을 밀가루 반죽하듯 밀대로 민 뒤, 몸통 모양으로 둥글게 이어 붙이고 꾹꾹 눌러 형체를 만들어가는 것이다. 끈기 없는 나에게 딱 맞는 방법이다. 거의 날림으로 만들었다고 할까?

창조센터 2층에서는 세계의 유명한 도예작가들의 작품과 함께 우리나라 도예 명장들의 혼이 담긴 도자도 관람할 수 있다. 그러나 오늘 나를 가장 설레게 하는 작품은 젊은 작가들의 작품도 아니고, 명장의 도자는 더더욱 아니다. 어제부터 나를 가슴 떨리게 한 것은 도예고 학생들의 졸업 작품 전시회다.

이천에는 전국 유일의 도자전문 고등학교가 있다. '한국도예고등학교'는 이천 도자의 메카 신둔면에 위치해 있다. 박씨부인의 정려각이 있는 곳에서 멀지 않다. 도예고등학교는 이천 출신의 학생은 물론 도자에 꿈을 가진 아이들이 전국에서 몰려드는 도자 전문 고등학교다. 이번에 아이들이 졸업을 하면서 이곳 세라피아박물관에서 전시회를 열게 됐다.

모든 전시회가 그렇겠지만 도자전시회도 역시 떨림이 있다. 한 작가의 내면에 담긴 예술관, 그리고 그의 시간을 만날 수 있기 때문이다. 졸업 작품 전시회에서 아이들은 3년의 시간 동안 배우고 느낀 모든 것을 표현할 것이다. 3년이라는 긴 시간을 기념하고 마감하는 자리기 때문에 자신의 모든 것을 보여주려 할 것이다. 쉽게 지나치며 감상할 수 없는 이유다.

먼저 눈길을 끄는 작품은 '미생'이다. 같은 이름의 드라마를 재밌게 봐서인지

눈여겨보게 된다. 작품 '미생'은 현대 직장인의 모습이지만 얼굴은 모두 초식동물의 그것을 하고 있는데 세렝게티 초원의 치타에게 쫓기는 가젤의 모습처럼 보인다. 어린 작가는 '현대의 직장인들은 겉으로 당당해 보이지만 사실은 무리 지어 살아가는 겁 많은 초식동물 같다'고 말하며 그것을 표현하고 싶었다고 한다. 이 학생도 결국 육식동물에 지는 초식동물의 무리에 들어오겠지만 보다 특별하게 살길 바란다.

'흑룡'이란 작품은 큰 접시 두 장에 용 그림을 이어 그린 작품이다. 개인적으로 이런 소재와 색감을 좋아한다. 큰 접시와 작은 접시를 나란히 배치하면서 머리와 몸통, 꼬리를 담은 게 재밌다. 어느 집 거실에 전시될지 모르겠지만 부럽다. 집이 더욱 근사해질 것 같다.

다시 눈길을 끄는 것은 '봄비'다. 이 작품 앞에서 한참 동안 자리를 뜨지 못했다. 3년의 시간 동안 자식을 이천에 보내고 뒷바라지를 한 어머니의 애틋함과 그에 대한 자식의 고마움이 그대로 드러나는 작품이다. 이 작품이 조형적으로 좋은 작품인지는 모르겠다. 그러나 다른 어느 작품보다 오래 나를 붙들고 있었다. 흉내가 아니라 자신의 마음을 솔직히 표현했기 때문이 아니었을까.

설봉공원 | 세라피아 | 이천박물관 | 설봉호수

아이들의 작품이 프로의 작품에 비해 기술적으로 떨어지는 것은 어쩌면 당연하다. 그러나 이 학생작가들은 열린 마음으로 주제에 다가서고 있다. 패기와 꿈이 있고 솔직함이 있다. 밥벌이라는 현실적 고민과는 아직 멀기에 더 발랄하다. 또한 졸업이라는 시간의 끝자락에 있기에 미래에 대한 불안도 얼핏 담겨 있다. 프로 작가의 전시회보다 훨씬 더 사랑스럽고 재밌는 이유다. 3년 동안 깊은 시간을 보내고 다음을 준비해 온 한국도예고등학교 학생들, 어느 학생의 작품명처럼 이들의 미래에 밝은 기운만 가득하길 바란다.

창조센터에서 나와 도자로 만든 풍경나무가 있는 길을 따라 반시계 방향으로 내려가면 이천박물관을 만날 수 있다. 이천박물관에서는 이천지역의 선사시대 유물부터 설봉산성에서 출토된 삼국시대의 유물들을 살펴볼 수 있다. 또한 도자의 역사와 함께 옛 도자를 만날 수 있는데, 대에 따라 전시실이 구분돼 있어서 가벼운 마음으로 돌아보면 도자 역사를 공부하는 데 큰 도움이 된다. 학생들과 함께 온다면 이곳에 먼저 방문해 둘러보고 세라피아 창조센터로 가는 것도 나쁘지 않을 것이다.

설봉공원에서는 도자 가마터에서 실제 도자가 만들어지는 모습을 볼 수 있고, 세라피아 창조센터에서는 다양한 체험을 할 수 있는 것은 물론 젊은 작가들의 작업 모습도 볼 수 있다. 운이 좋다면 푸릇푸릇하고 젊은 고등학생들의 패기 넘치고 세심한 작품을 감상하는 호사도 누릴 수 있다. 이곳은 설봉산 기슭의 설봉공원이다.

드라마 촬영지로 더 유명한 호수

나는 결혼 후에도 한동안 낚시를 다녔다. 참 철없던 시절이다. 민물낚시는 크게 동적인 루어낚시와 앉아서 하는 낚시로 나눌 수 있는데 나는 앉아서 조용히 생각할 수 있는 낚시를 좋아했다. 낚시를 좋아하는 사람들은 모두 각자의 이유가 있다. 시원한 찌 올림을 좋아하는 사람도 있고, 원시의 본능을 깨워줄 손맛을 좋아하는 사람, 전략 짜기를 좋아하는 사람은 물고기와의 한판 승부를 좋아한다. 그리고 세상일을 잊고 그저 자연과 함께 있고 싶은 사람들도 있다. 나는 호수에 앉아 잔잔한 수면을 보고 있는 것을 좋아했다. 물을 보고 있으면 마음이 편해진다. 믿을 수 없는 소식통에 의하면, 사랑고백을 할 때 물 가까이에서 하면 성공률이 높아진다고 한다. 믿거나 말거나 말이다.

설봉산이 품고 있는 설봉호수에는 호숫가에 붙어 한 바퀴 돌 수 있는 산책로가 조성돼 있다. 한 바퀴 돌면 1km 남짓한 거리가 나온다. 그래서 주변의 주민들은 이곳 호수를 산책하면서 운동한다.

설봉호수는 계절에 따라 다양한 모습을 보여준다. 수면을 날아오르는 물오리도 좋고 설봉산의 풍광도 좋고 잔잔한 수면을 바라보는 것도 좋지만, 계절마다 변하는 풀과 나무들을 보는 재미도 작지 않다. 메타세쿼이아, 이팝나무, 복숭아나무, 산수유나무, 개나리, 낙상홍, 벚나무, 단풍나무…. 계절이 바뀌면서 꽃 피고 물드는 모습을 보며 걷는 재미가 있다.

드라마에 멋진 장소가 나오면 꼭 한 번 가보고 싶다는 생각이 든다. 촬영 장소는 제작진이 섭외할 때도 있지만 대부분 장소만 섭외하는 사람에게 의뢰한다. 촬영 장소만 전문적으로 찾아 방송사에 제공하는 사람을 '로케이션 매니저'라고 부르는데, 이천의 설봉호수도 그들의 눈에 들었나 보다. 이곳 설봉호수는 소지섭과 임수정이 주인공을 맡은 드라마 〈미안하다, 사랑한다〉의 배경이 되기도 했다.

드라마의 풍광과 수면의 잔잔함, 두런두런 이야기하면서 걸을 수 있는 설봉호수. 도자가 테마인 곳이라고 물속에 도자 모양 조형물을 설치해 놓았다. 하지만 글쎄. 도자는 도자로 볼 때 가장 아름답고, 물은 원형 그대로의 잔잔하고 넓은 모습일 때 가장 호수답지 않나 싶다.

풋풋한 학생들의 도자와 젊은 작가들의 섬세한 작품을 감상할 수 있고, 도자 역사를 공부할 수 있는 박물관도 있고, 무엇보다 이들을 감싸고 있는 설봉호수를 걸을 수 있는 이곳은 이천시 설봉산 기슭의 설봉공원과 설봉호수다. 학생들의 작품과 젊은 작가의 작품은 이 책의 블로그에서 더 만날 수 있다.

설봉공원 | 세라피아 | 이천박물관 | 설봉호수

토정 선생의 숨결을 기억하는 설성 산책

자석리 은행나무 | 자석리 입상 · 설성산성 · 선읍리 불상

이지함 선생이라고 하면 그 이름보다 토정비결을 먼저 떠올리게 된다.

이지함 선생은 고려 말 대학자였던 포은 이색의 6대손으로 서경덕의 문하에서 수학했다. 이지함은 성리학뿐 아니라 잡학에 능하고 수완이 좋았다고 하는데 그보다 기인의 모습이 먼저 떠오른다. 나체로 바위에 앉아 있기도 하고, 며칠 동안 음식을 먹지 않기도 하고, 여행 중에 잠을 잘 때면 두 손으로 지팡이를 짚고 그 자리에서 잠에 빠지기도 했으니 말이다.

그러나 이지함을 독특한 기행을 일삼은 사람으로만 기억하면 억울하다. 이지함은 정약용이 말한 진정한 목민관이기도 했다.

조선 중기의 문신 윤두수에게는 윤춘수라는 이복 형이 있었다. 윤춘수는 왕실의 후손이라 빽이 좋았던 모양이다. 윤춘수는 아산현감을 제수받았는데, 아산의 백성을 지독히도 수탈하고 괴롭혔다고 한다. 요즘 세상이면 직위해제에 형사처벌 대상이겠지만, 아니다. 지금과 비슷했겠다. 왕실 종친이라 중앙에서도 쉬쉬하며 처벌하기 어려웠나 보다. 보다 못한 충청도부사가 장계까지 올려 윤춘수를 탄핵하려고 했다고 하니 그의 폭정을 짐작할 수 있다. 결국 왕은 윤춘수를 불러들이고 대신 이지함을 아산현감에 제수했다.

오늘 방문할 자석리는 이지함 선생이 아산현감을 제수받고 아산으로 향하는 길에 지났던 곳이라고 한다. 이지함 선생이 이동했을 것으로 추정되는 동선을 따라 차를 타고 함께 떠나본다. 내비게이션을 켜고 오랜 은행나무가 있다는 자석리로 향했으나 길을 지나치고 말았다. 내비가 안내하는 곳에 설마 동네가 있을까 싶어서였다. 특히 은행나무가 있는 동네는 작은 언덕이 마을 안쪽을 감싸고 있어서 밖에서 안이 잘 보이지 않는다. 게다가 커다랗고 오래된 은행나무가 언덕의 옆쪽을 가리고 있어서 마을은 꼭꼭 숨어버린 것 같다.

이러한 자석리를 두고 토정선생은 '세상을 등지고 은둔하며 살 만한 곳'이라고 했으니 토정선생의 말이 맞긴 맞나 보다. 선생은 이곳에 스스로 숨어 지낼 만하다는 뜻의 '자은동'이라는 이름을 붙여 주고 이곳을 떠났다고 한다.

언덕과 은행나무로 막혀 있어서 숨어 있는 것 같은 자석리의 마을 입구로 들어선다. 자석리의 입구를 지키고 있는 은행나무는 안내판에 높이가 25m라고 적혀 있지만 실제는 15m가 채 되지 않아 보인다. 30대에 가장 컸던 신체가 점점 줄어들 듯이 나무도 벼락 몇 개와 태풍 여러 번을 맞고 몸집이 줄어든 것으로 보인다. 현재 자석리의 은행나무는 주인이 없다고 한다.

은행나무를 뒤로하고 자석리 안쪽을 산책하는데 한 어르신이 불편한 심기를 감추지 못하고 서 계시다.

조심스런 마음으로 인사를 하니 어르신은 인상을 쓰면서 이렇게 말씀하신다.

"아, 이놈의 벌들이 벌집을 여기다 지어 놔서 뒤통수를 한 방 쏘인거여."

어르신은 대문 앞에 지어 놓은 말벌 집을 떼어내고 패잔병 벌들과 싸우던 중에 그들의 마지막 저항에 당한 것이다.

어르신의 말씀에 따르면 자석리의 옛 이름은 흙과 바위가 검어서 흑석동이었다고 한다. 그리고 토정선생이 붙여준 자은동으로도 불렀는데 이후 자은동의 '자'와 흑석의 '석'을 붙여서 자석리로 부르게 됐다고 한다.

토정 선생이 앉아서 쉬었을 만한 곳에 잠깐 앉는다. 그는 왜 아산현감으로 제수받고 가던 길에 '숨어 지내고 싶은'이라며 자신의 속마음을 이야기했을까. 혹시 토정 선생은 관직을 버리고 자유롭게 떠나고 싶었던 게 아닐까? 처참했던 백성의 현실을 누구보다 잘 알기에 현감으로서의 직무가 두려웠던 것은 아닐까?

포천현감과 아산현감에 올랐을 때 이들을 구제하려고 조정에 더 큰 지원을 요구했지만 번번이 거절당했다고 한다. 권력자들은 자신의 이익을 백성들에게 나눠주는 것에 전혀 관심이 없었던 것이다. 그는 백성을 구제하기 위해 아산으로 떠나지만 근본적인 해결이 힘들다는 것을 잘 알고 있었다. 또한 자신의 능력으로는 그들을 구제하기 힘들다는 것도 알기에 아산으로 향하는 토정의 마음은 꽤나 무거웠을 것이다.

자석리를 떠나며 다시 한 번 자석1리를 쳐다보지만 언덕과 은행나무에 막혀 몇몇 집들밖에 보이지 않는다. 정말 숨어 지낼 만한 곳이다.

고을 원님을 고친 자석리 석불과 하얀 설산의 성

자석리 은행나무 맞은편 설성산 북쪽 기슭에는 은행나무보다 더 오래된 불상이 있다. 자석리 불상에는 옛 이야기가 하나 전한다.

자석리는 예전에 음죽현에 속해 있었다. 음죽 현감이 부임한 지 얼마 되지 않았을 때 현감은 심한 병을 앓게 됐다. 병이 깊어 의원의 어떠한 처방도 듣질 않았는데 꿈속에서 석불이 나타나 현감에게 이렇게 말했다.

"땅에 묻힌 나를 파내어 다시 세우고 당을 지어 주면 평안하게 되리라."

잠에서 깬 현감이 꿈속에서 일러준 장소로 가서 땅을 팠더니 정말로 땅속에 커다란 석불이 누워 있었다. 그곳에 당집을 마련하고 주변을 깨끗하게 정리하니, 곧 병도 깨끗하게 나았다.

자석리 석불은 큰길에서 군부대를 끼고 자동차로 5분만 오르면 만날 수 있는데, 옛 이야기 속의 당집은 현재 사라지고 석불만 남아 있다. 자석리 석불은 만들어진 시기와 내력이 기록에 남아 있는데, 11세기 초 고려 현종 시절 이 근처 시장의 번영을 기원하며 세웠다고 한다. 불상은 전체 2개의 커다란 돌로 이뤄져 있으며 머리에는 큰 갓을 쓰고 있다. 표정은 근엄한데 마치 덩치 좋고 괴팍한 선비가 도포를 두르고 갓을 쓰고 있는 모습이다. 석불의 전체 높이는 2.5m고 옷의 주름과 팔 모양 등은 단순하게 만들어져 있다.

자석리 불상이 있는 설성산 기슭에는 산성이 하나 있다. 산 이름을 따서 설성산성이라고 부르는데 이 설성과 관련된 신라시대의 이야기가 전한다.

신라 내물왕 시절, 북쪽 변방을 지키던 장수가 모함을 받아 죽임을 당할 위기에 빠졌다. 왕은 장수를 아꼈지만 다른 신하들의 요구에 어쩔 수 없이 장수를 사형에 처해야만 했다. 고민하던 왕은 장수에게 3일 안에 이곳 설성에 산성을 쌓으면 용서해 주겠다는 단서를 달고 사형을 유예했다. 장군의 모든 군사를 동원해도 3일 안에 성을 쌓는 것은 불가능했기에 그를 모함하던 신하들도 수긍했다. 그러나 신하들의 예상과는 달리 장수는 3일째 되던 날 설성을 모두 완성했다. 장수는 결국 죽음을 모면할 수 있었는데, 혹자는 내물왕이 장수를 아껴 신하들 몰래 많은 군사를 보내 장군을 도와주었다고도 한다.

전설에는 내물왕 시절 왜구의 침략을 막기 위해 설성을 쌓았고, 성이 완성되고 나서 성 안쪽에 절을 창건했다고 한다. 그러나 이해할 수 없는 것은 내물왕 시절에 불교는 신라에 들어오지도 않았고, 이곳은 왜구의 침략과는 관계가 없다는 점이다. 조사된 바에 의하면 신라시대의 유물은 물론 백제의 토기들도 출토됐다고 한다. 고려시대의 유물들도 발견된 것으로 보아 삼국시대에 처음 만들어져 고려시대 이후까지 사용된 것으로 보인다.

설성산성 성벽의 전체 둘레는 1,095m고 성벽의 높이는 4~5m로 추정하고 있는데 삼국시대의 산성으로는 작지 않은 크기다. 이곳 설성 일대가 충주, 조령에서 서울로 이어지는 곳이기에 전략적으로 건설한 성이 아닐까 싶다.

산성이 있는 신흥사를 오르는 길 좌측에 불상이 서 있다. 원래는 대좌와 동체, 두상, 보개의 네 부분으로 파손돼 시냇가에 묻혀 있던 것을 신흥사 스님이 설성산성 앞으로 옮겨 놓았다고 전한다. 그러나 끝내 두상은 발견하지 못해서 머리 부분만 새롭게 조성해서 붙여 놓았다. 균형 잡힌 모습과 세련된 몸체로 보았을 때 신라시대의 불상이 아니었을까 추정하고 있다.

선읍리 입상석불과 설성산성, 그리고 신흥사를 하나의 세트로 구경하는 것도 괜찮을 것 같다. 볼거리로서 묵직한 맛은 적으나 천천히 산책하며 이야기하기에 좋은 답사 코스라고 생각한다.

죽었지만
죽지 않는
나무 이야기

대대리 찝빵나무 | 대대리 느티나무

나는 이천의 시골에서 자랐다. 그것도 벼농사가 전부였던 모가면이 나의 고향이다. 그래서인지 고등학교를 진학하면서 시작된 도시생활은 맞지 않는 옷 같았고 지금의 아파트 생활도 여전히 어색하다. 몇 년 전 다른 지역으로 이사를 진지하게 생각한 적이 있었지만 한동안 이사를 할 수 없었다. 이유는 세 가지였다.

첫 번째는 아이에게 형성된 자연스런 친구관계를 단절시키고 싶지 않았다. 두 번째는 베란다 뒤쪽으로 보이는 풍경 때문이었다. 가까이는 효양산과 원적산이 보이고, 추읍산과 용문산도 멀찍이 보이는데 계절마다 변하는 이 풍경을 나는 좋아한다. 세 번째 이유는 아파트와 주변 동네의 나무 때문이다. '에이 설마 나무 때문에 이사를 안 가겠어?'하고 생각할지도 모르겠지만 정말 그랬다.

우리 아파트의 동과 동 사이에는 계수나무가 심어져 있다. 계수나무의 잎은 솜사탕 향기가 난다. 정말 솜사탕 향기다. 그래서 계수나무를 연향나무라 부르기도 한다. 계수나무는 4월과 5월에 잎이 하트 모양으로 통통해지는데, 따뜻한 바람이 살짝 불 때 계수나무 사이로 어른거리는 햇빛의 물결을 나는 가장 사랑한다.

아파트 주변 마을에는 아이와의 추억도 깊다. 아이와 자전거로 낮은 산 정상에 있는 아미리 성당도 가고 아미리 들녘도 달렸다. 어릴 때는 아이를 자전거 뒤에 매달고 달렸고, 아이가 조금 더 크면서 함께 자전거를 타며 부발과 모가를 포함한 이천과 여주의 들판을 누비고 다녔다. 아이와 자전거 여행을 떠날 때는 꼭 과자 한 봉과 음료수를 사 갔는데, 우리는 언제나 아미리 들판의 커다란 플라타너스 그늘에 앉아서 이런저런 장난을 하면서 먹었다. 아들은 그래서 그 나무를 좋아했다. 이렇게 곳곳에 스며든 우리들의 추억이 이사 갈 수 없도록 우리를 잡고

있던 것이다.

오늘 아이와 다시 방문할 곳은 아미리 논 한가운데 있는 커다란 플라타너스였다.

그러나 나무는 없다. 엄청난 그늘로 일에 지친 농부를 쉬게 해주던, 자전거 페 달질에 지친 부자를 쉬게 해주던 플라타너스 그늘은 더 이상 없다. 나무가 있던 곳은 전철이 들어오면서 그루터기의 흔적도 없이 사라졌다. 100년 가까운 나무 의 역사가 그렇게 사라진 것이다.

옮겨 심는 것이 쉽지 않아 어쩔 수 없이 베어야 한다면, 정말 그랬다면 최소한 주변 사람들에게 나무와 마지막 인사를 할 수 있도록 해줬으면 어땠을까 싶다.

'동네 사람들, 일주일 뒤에 아미리 들판에 있는 큰 나무를 베어낸다고 합니다. 나무와 추억이 깃든 분들은 나무가 베어지기 전에 마지막 인사를 나눠주세요.'

이런 방송을 상상해본다.

대대리 찝빵나무

오늘 가야 할 곳은 원래 아미리 플라타너스였다. 그러나 시골 사람들의 쉼터였 던 나무는 사라졌다. 속상한 마음을 위로받기 위해 정한 곳은 대대리의 찝빵나무 다. 이 찝빵나무는 사람들로 인해 상처받은 마음을 위로받기에 충분한 나무다.

대대리의 찝빵나무는 존재하지만 존재하지 않는 나무다. 무슨 말도 안 되는 말 인가 싶겠지만 정말이다. 대대리 찝빵나무는 살아 있는 나무가 아니다. 그러나 엄연히 존재한다.

찝빵나무가 있는 대대리에 가려면 감자의 추억이 있는 하이닉스를 끼고 들어가야 한다. 감자의 추억이라니, 하이닉스가 들어서기 전에 감자밭이 있었냐고?

IMF사태 때 하이닉스의 전신인 현대전자도 운영에 어려움이 컸다. 당시 회사를 돕기 위해 이천 사람들과 회사 직원들이 주식사기 운동을 전개했었다. 나도 구입했던 것으로 기억한다. 그러나 상황은 더 어려워져서 주식의 액면가를 줄이는 감자를 단행하게 됐다. 쉽게 말하면 1만 원짜리 주식이 500원이 된 것이다. 하지만 이천 사람들과 직원 가족들은 이때 큰 원망을 하지 않았다. 하이닉스는 직원들뿐 아니라 이천 사람들에게 가족과도 같은 회사였기 때문이다. 이후 하이닉스는 위기를 극복해 현재는 세계 일류기업으로 성장했고, 이천 사람 뿐 아니라 세계인의 사랑을 받는 회사가 됐다.

하이닉스를 끼고 돌아 5분만 더 가면 대대리의 찝빵나무를 만날 수 있다. 찝빵나무의 공식 명칭은 측백나무다. 측백나무는 독특한 모양 때문에 외래종이라고 생각할 수 있는데 오래전부터 한반도에서 살아온 나무다. 측백나무의 줄기와 잎은 향나무에 가깝다. 수형을 보면 편백나무와 유사한데, 편백나무와 측백나무의 잎 뒷면을 보면 쉽게 구별할 수 있다.

잎이 옆으로 납작해서 측백이라는 이름이 붙었지만 옛 사람들에게는 측백이라는 이름이 부르기 쉽지 않았나 보다. 측백 대신 찝빵나무라고 부르는데 찝빵나무라는 이름도 실제 사전에 올라와 있는 엄연한 표준어다.

대대리의 찝빵나무는 100여 년 전에 죽었다. 그러나 대대리에 찝빵나무는 존재

한다. 사람들 마음속에 소중하게 간직되고 있다는 허무맹랑한 얘기가 아니다. 죽은 나무는 대대리 회관 앞에 여전히 서 있다. 80세가 넘으신 노인 분들이 젊었을 때도 찝빵나무는 지금과 똑같은 상태였다고 하니, 적어도 100여 년 전에 죽었을 것이다. 대대리 마을 사람들은 오래전에 죽은 찝빵나무를 뽑거나 베어내지 않고 소중하게 여기며 지키고 있다.

수십 년 전에 회관을 짓고 개축할 당시 측백나무 때문에 건물을 올리기가 어려웠다고 한다. 하지만 마을 사람들은 나무를 베어내야겠다는 생각을 전혀 하지 않았다고 한다. 당시 사람들은 나무에 간단히 제를 올리고 옮겨 두었다가 건물을 완공한 후 다시 건물 앞에 고이 심어 놓았다. 아직도 대대리 찝빵나무는 마을의 중심에 굳건하게 서서 마을 사람들의 사랑을 받고 있고 찝빵나무라는 이름과 함께 신령스런 나무라는 이름의 '영목'으로 부른다.

대대리에서는 죽은 나무까지 아끼는 마을 사람들의 따뜻한 마음을 만날 수 있는데, 정말 아이러니가 아닐 수 없다. 인간이 죽인 나무로 인해 받은 상처를 죽은 나무로 위로받을 수 있다니 말이다. 찝빵나무 역시 주목처럼 '살아서 천 년, 죽어서 천 년을 가는 나무'라고 한다. 대대리 찝빵나무는 앞으로 900년은 더 대대리 회관 앞을 굳건하게 지킬 것이다.

400년 동안 현역을 지키는 최씨 문중 느티나무

대대리 회관 앞 찝빵나무에서 멀지 않은 곳에 수세 좋고 나이 많은 느티나무가 서 있다. 보통 나이 많은 느티나무는 세력이 약해져 약물에 의존하며 노후를 보내기 마련이다. 보호라는 이름으로 울타리 안에 있지만 그곳은 그들만의 요양원이다. 늙은 느티나무는 수피의 갈라짐도 심하고 나무 줄기에 구멍도 생기기 때문에 링거도 맞고 인공수지도 발라서 생명을 연장케 한다. 나무 앞에 서 있는 보호수 명찰은 그들의 지나온 세월을 보상하는 훈장과도 같지만, 한편으로는 생명이 다해가니 조용히 쉬면서 은퇴하라는 권고사직서와도 같다.

대대리 느티나무는 심은 내력을 갖고 있는 나무다. 음성에 살던 흥해 최씨 문중의 최연이라는 사람이 이천 대대리로 이주하면서 심었던 나무가 바로 대대리

느티나무다. 지금으로부터 400년이 조
금 넘었다고 하니, 아마 임진왜란 전후
가 되지 않을까 싶다.

오래된 나무임에도 가지를 넓게 편 대
대리 느티나무 아래에는 넓은 평상이 펼
쳐져 있다. 나무 아래 평상이 있다는 것
은 아직도 이 나무가 팔팔한 현역이라는
증거다. 마침 평상 근처에서 어르신이 일
을 하고 있다.

"어르신, 이 나무에 대해서 알 수 있을
까요?"

"제가 이 나무를 심은 최연 할아버지
의 16대손입니다."

나무 아래 평상과 인근 땅, 그리고 집까지 모두 어르신의 소유라고 한다. 그렇
다면 400년 넘게 이곳에 이주한 사람의 직계 후손이 계속 머물며 나무를 가꿔왔
다는 이야기가 된다.

"어르신, 예전에는 보통 일찍 결혼하셨으니까 16대 후손이시면 300년 전쯤이
아니었을까요?"

"제가 80살인데, 제 아버님이 살아 계셨다면 124살 되셨을 겁니다. 제가 우리
아버님이 40살 넘었을 때 태어난 늦둥이니까 계산해보면 맞을 겁니다."

400년이라는 시간이 의심이 가서 질문을 드렸더니, 어르신은 '늦둥이론'으로
응수하신다. 이 나무와 이 나무 곁을 지켰던 할아버지의 선조들에 비하면 할아버
지는 귀여운 막둥이 정도도 안 될 것이다. 연세 많으신 어른들은 당신들의 부모
님이 오래전에 돌아가셨어도 연세를 언제나 기억하고 계신다. 만나 뵈었던 대부
분의 어르신들이 그랬다. 젊은 우리들이 보고 배워야 할 부분이 아닐까 싶다.

죽어서도 사람들과 함께 살아가는 대대리 회관 앞 찜빵나무, 그리고 나이만큼
이나 넓게 그늘을 만들고 쉼터를 내어주고 있는 최씨 문중의 느티나무. 대대리에
서는 죽어서도 우리를 위로해주는 나무도, 살아서 후손들과 함께 공존하는 나무
도 만날 수 있다.

29 아기자기하고 성스러운 순례길 산책

단천리 느티나무 | 단내성지 | 동산리 석불입상

가업은 자식에게 물려주고 은퇴한 느티나무 이야기

우리 민족에게 가장 사랑을 받았던 나무는 어떤 나무일까? 애국가에도 등장하는 소나무일까? 굳은 절개를 상징하는 사군자 대나무? 아니면 우리에게 도토리를 간식으로 내주는 참나무? 전설을 간직한 은행나무?

이에 대한 해답을 알고 싶다면 근처 시골 마을로 떠나보면 된다. 어디라도 상관없다. 시골 마을 어귀에는 항상 나무가 한 그루 있다. 그 나무 아래 평상이 있고, 평상에는 동네 어르신들이 누워 쉬거나 장기를 두고 계신다. 이 나무는 어떤 나무일까?

단천리에는 사람들의 사랑을 받는 느티나무가 두 그루 있다. 버스 정류장 앞에 넓은 그늘을 드리운 젊은 느티나무와, 마을회관 앞에 보호울타리 안에서 편하게 쉬고 있는 나이 많은 느티나무. 울타리 때문인지 늙은 느티나무 아래에는 아무도 없다. 대신 정류장 근처의 젊은 느티나무 아래에는 사람들이 몰려 있다. 늙은 느티나무는 서운할 것도 같다. 젊은 시절, 사람들에게 그늘을 내주며 부지런히 살았지만 이제는 편하게 쉬고 있는 느티나무. 자신의 역할을 젊은 신참에게 내준 것이다.

군 입대 후 신병 시절의 이야기다. 자대배치를 받고 얼마 지나지 않을 때였으니까 아마 입대 3개월 때의 일이었을 것이다. 성격 괴팍한 고참 하나가 성격만큼이나 괴팍한 명령을 내렸다.

"앞으로 화장실 갈 때는 자기 군 생활한 개월 수만큼 화장지 칸 수를 세어 끊어 가라!"

부당했지만 그래도 지켜야 했다. 그 고참은 항상 화장지 앞에서 검사를 했다.

고참은 장난이었겠지만 나는 심각했다. 3칸으로 어떻게 화장실을 간단 말인가.

그는 제대가 얼마 남지 않아서 모든 작업에서 제외됐다. 이러한 고참을 '열외 고참'이라고 하는데 열외 고참은 부대 전체가 참여하는 훈련만 아니면 웬만하면 일정에서 빠졌다. 제대를 기다리는 열외 고참의 눈은 조금 풀려 있었다. 그저 제대만 기다리는 느낌이었다. 말년의 여유와 사회에 대한 불안이 교차하던 열외 고참의 눈빛을 잊지 못한다.

젊은 느티나무에게 자신의 일을 내주고 조용히 늙어가는 단천리의 느티나무 역시 열외 고참처럼 보인다. 행복해 보이지 않다는 말이다. 보호막을 없애고 다시 옛날처럼 평상이나 벤치를 설치하면 더 행복해 보일 수 있을 것 같다. 나무와 사람은 함께해야 빛나기 때문이다.

뒷산 순례길이 예쁜 성가정성당, 단내성지

단천리의 단내성지는 우리나라 유일의 가족 성지다. 가톨릭 신자에게 성지는 특별한 의미가 있다. 우리나라의 가톨릭 성지는 신앙과 신념을 지키다가 순교한 사람들의 유해와 시신을 안치해 놓은 곳으로 그들에게는 큰 의미가 있는 곳이다.

이곳 단천리 단내성지는 다른 성지와는 의미가 약간 다르다. 이곳에서 기념하는 순교자는 모두 가족관계다. 그들은 모두 가족과 함께 종교를 믿다가 옥고를 치르고 참수 당했다. 성지의 주차장 입구에서 차를 주차하고 성가정 성지로 들어가면 조용한 성가가 흘러나와 경건한 마음이 들게 한다. 입구 양쪽에는 소나무가 우거져 있고 조릿대가 자생하고 있다. 성지 측에서 경건하게 꾸민 흔적이 역력하다. 이후에 알게 된 것은 이곳 입구 길이 조선 최초의 신부인 김대건 신부가 포교를 위해 다니던 길이라고 한다.

김대건 신부라면 다들 역사책에서 한 번쯤 들어봤을 것이다. 이승훈, 정약용, 김대건…. 김대

건은 최초의 한국인 가톨릭 신부다. 그의 고조부 때부터 천주교를 믿었던 집안이라 김대건은 자연스럽게 종교적인 분위기에서 성장했다. 그는 만주와 요동을 거쳐 마카오까지 가서 마카오에 있는 프랑스 선교사들에게 신학과 철학 등을 배웠다. 그리고 상하이에서 사제서품을 받으며 조선 최초의 신부가 됐다. 1845년에는 조선에 들어와 용인과 단천리 근방을 다니면서 포교 활동에 전념했으나, 1년이 채 되지 못한 1846년에 체포돼 순교했다. 그의 유해 일부는 이곳 단내 성지에 안치돼 있다.

성가정 단내성지의 뒷산 등산길은 참 예쁘다. 이곳 신부님들께서 가꾼 길이다. 신자에게는 박해받았던 순교자의 숨결을 느낄 수 있는 곳이고, 신자가 아니더라도 가족과 함께 걸을 수 있는 아름다운 등산길이다. 신도들은 이곳을 순례길이라고 부른다. 고난을 당했던 순교자 가족의 아픔과 신앙심을 느낄 수 있다는 뜻일 거다. 길게 돌면 5.2km의 등산길을 즐길 수 있고, 짧게 돌면 2km 이내로 가볍게 산책할 수 있다. 이곳 신부님께서 순례길 별로 색깔 띠를 매어 놓아서 길 찾기도 어렵지 않다. 순례길 중간에는 박해를 피해 순교자 가족들이 숨어 지내던 검은 바위와 굴바위가 있어 그들의 고통을 느낄 수 있다.

홍성대원군이 주도한 병인박해를 떠올려보자. 처형된 프랑스 선교사가 9명이었고, 우리 백성들은 1만 명 가까이 희생됐다. 망나니들이 얼마나 많이 죽였던지 나중에는 집행을 거부하고 도망가기까지 했다고 하니 참상이 얼마나 참혹했을지 짐작이 간다. 그래서 정부가 꺼내든 사형 방식이 바로 백지사 처형이다. 백지사는 사람들 얼굴에 창호지를 대고 물을 부어 숨을 못 쉬게 죽이는 방식인데 미친 광기의 시대였음이 분명하다.

단내성지에 계시는 이정철바오로 신부님의 말씀에 따르면 이곳 단천리 근방에 살면서 함께 순교한 조증이와 남이관은 부부 사이였다고 한다. 그들 부부의 마음으로 가족과 함께 순례길을 걸어본다. 그들은 죽음을 앞에 두고 얼마나 애틋했을까? 순례길은 많은 것을 생각하게 한다. 종교를 지키려는 숭고함과 가족의 소중함을 함께 느낄 수 있다. 이곳은 단천리의 단내 성가정성지다.

선이 아름다운 동산리 마애여래좌상

단내성지에서 멀지 않은 동산리에 마애여래좌상이 있다. 동산리는 김대건 신부가 선교 활동을 했던 곳이기도 하다. 동산리는 천주교가 포교되기 훨씬 전에 불교가 뜨겁게 흥했던 지역이다. 기록에는 이곳 동산리 산기슭에 큰 절이 있었고 절 앞에 불상이 있었다고 전한다. 사람들은 그 불상을 동산리 마애여래좌상이라고 부른다.

이곳 동산리 불상을 보기 위해 여름에 두 번이나 왔지만 진입로를 찾기 힘들었다. 불상은 가깝게 보이는데 수풀이 우거져서 진입이 힘들었던 것이다. 그 후 겨울에 다시 방문했을 때 겨우 불상 앞에 설 수 있었다.

동산리 불상은 높이 2m, 폭은 80~90cm, 두께 30cm 정도의 화강암에 선을 새겨 표현한 불상이다.

수인은 아미타구품인 중 하나를 취하고 있는데 오른손은 엄지와 검지를 마주 대고 있고, 왼손은 손바닥이 하늘을 향하게 받치고 있다. 수인이라는 것은 한자어 풀이 그대로 부처의 손 모양을 뜻한다. 부처는 열 손가락으로 여러 가지 모양을 표현해서 덕을 표현한다. 예전에 불자가 아니면 수인까지 알 필요가 없을 것 같아서 명칭만 기억하고 있었는데 낭패를 본 적이 있다.

한국사검정능력시험을 볼 때의 일이다. 시험은 어렵지 않게 붙었지만 내 자존심을 긁은 문제가 하나 있었다. 불상을 고르는 문제였다. 문제를 그대로 옮겨보겠다.

경상북도 영주에 있는 부석사는 의상이 창건한 사찰이다. 이 사찰의 무량수전에는 흙으로 빚은 대형 소조상이 있는데, 서방극락세계를 주관하는 부처를 항마촉지인의 자세로 구현하였다. 이 불상은 통일신라의 불상 양식을 계승한 것으로 국보45호로 지정되었다.

문제를 틀리고 한참 동안 수인에 대해 공부해다. 수인은 부처의 공덕을 상징적으로 표현하는데 대표적인 부처의 손 모양, 즉 수인으로는 선정인, 시무외인, 여원인, 항마촉지인, 전법륜인, 아미타구품인 등이 있다.

문제의 항마촉지인은 부처가 깨달음에 이르는 순간을 상징하는 손 모양으로 말 그대로 한 손으로는 마귀를 막고, 다른 손은 땅을 향하는 수인이다. 석굴암 본존불을 생각하면 금방 떠오를 것이다.

동산리 불상은 아미타구품인의 손 모양을 하고 있는데, 이는 일반적인 수인보다는 좀 더 복잡하다. 중생을 성품에 따라 9등급으로 나누고 그 등급에 따라 설법해야 모두 구제할 수 있다고 하는데, 그에 맞춰 9개의 수인을 따로 나타내는 것을 아미타구품인이라 한다. 일종의 맞춤형 등급제랄까?

아들에게 수인에 얽힌 사연을 이야기했더니 그것도 몰랐냐며 불상 옆에 서서 불상과 같은 수인을 취하며 놀린다. 그 모습이 하도 귀여워 사진을 찍어 두었다.

동산리 불상은 무엇보다 선의 부드러움과 아름다움을 함께 느낄 수 있는 불상이다. 그런데 불상이 산골짜기 깊숙한 곳에 있어서 찾기가 쉽지 않다. 제대로 정비가 될 동안만이라도 시립박물관에 옮겨서 보다 많은 사람들에게 불상을 감상할 수 있는 기회를 주었으면 한다.

30
들메나무는
언제나
그 자리에 있었다
상용리 들메나무 | 내촌리 김좌근 고택

백성이 아끼는 나무 이야기, 상용리 들메나무

'들메나무가 뭐지?'

들메나무의 이름을 처음 알게 됐을 때 들었던 생각이다. 들메나무는 쉽게 볼 수 있는 나무가 아니다. 시골의 많은 나무들 틈에서 자랐지만 이름조차 들어본 적이 없었다. 들메나무는 더운 곳을 싫어해서 남부지방에서는 더 보기가 힘들다고 한다. 주로 심산유곡에서 자라는데 영어 이름은 'Manchurian ash'다. 말 그대로 '만주의 물푸레나무'라는 뜻이다. 우리의 느티나무처럼 아마 만주지방에서는 흔하디 흔한 나무인가 보다. 들메나무는 어릴 때는 수피가 회백색을 띠지만 나이가 들면 세로로 깊게 팬다. 길게 패는 모양만 같다면 상수리나무나 회화나무와 비슷하지 않나 싶다. 잎은 회화나무와 비슷한데 꽃이 화려한 회화나무에 비해 들메나무 꽃과 열매는 보잘 것 없다.

내촌리를 지나 상용리에 접어들면 도로 오른쪽에 마을회관과 작은 숲이 보인다. 마을회관과 붙어 있는 작은 숲의 중심에는 거대한 들메나무가 자리를 잡고 있고 주변에 작은 나무들이 식재돼 있다. 작은 숲의 8할이 들메나무다. 보기 드문 들메나무가 사람과 가까운 마을의 중심에 자라다니. 특별한 내력이 있나 궁금하다.

다행스럽게 마을회관에는 할머님 대여섯 분께서 수박을 드시며 이야기를 나누고 계신다. 할머님들은 들메나무를 찾아온 답사객을 반갑게 맞으며 수박까지 대접해 주신다. 이천 어디에서나 어르신들의 반응은 비슷하다. 연세가 많으신 할머님들은 자식뻘도 안 되는 내게 항상 존대를 하신다. 그냥 존칭이 아니라 극존칭을 쓰신다. 정말 황송하기 그지없다. 답사 왔다고 하면 어디 높은 곳에서 조사를 하러 나온 나라님의 신하라고 생각하시는 것 같다. 이분들은 50년 전에도, 수백 년 전에도 언제나 이렇게 따뜻하게, 혹은 자신을 낮추며 살아오셨을 거다. 나라 님이라면 무조건 복종하고 따르셨던 우리의 할머님들. 그래서 연세 많은 할머님 들께는 답사 왔다고 하지 않고 '구경 왔어요. 할머니~'라고 말한다. 할머님들은 답사객보다 구경꾼을 조금은 더 부드럽게 대해 주신다.

할아버님들의 반응은 반대다. 이천 사람답다. 할아버님들은 항상 '그래, 어디 서 왔어?'로 시작한다. 이천이 원래 고향이라고 말씀드리면 다음은 더 편하게 대 하신다. 그리고 이어지는 흔한 대사, '그럼 그 동네 사는 누구 알어?'라며 족보를 따지기 시작한다. 기분이라도 맞춰드리려 몰라도 안다고 하면 바로 하대를 하신 다. 그래도 같은 지역 족보사람이라는 것을 알았기에 할아버님들은 더 자세하게 말씀해 주시려고 애를 쓰신다. 실제로 할아버님들께 많은 정보를 얻을 수 있었 다. 그에 비해 할머님들은 친절하시고 착하시지만, 대개 "저희는 잘 몰라요"라며 빼신다. 정말 몰라서 그렇게 말씀하시는 거다. 90% 이상 그렇다. 이런 얘기를 장호원 풍계리의 어느 마초적인 할아버님께 말씀드렸더니 이렇게 말하셨다.

"여편네들이 뭘 알어? 밥이나 먹을 줄 알지!"

상용리 할머님들 역시 다르지 않다. 나무의 정확한 내력과 나무에 대한 정보를 아시는 분들은 계시지 않았다. 예전에 이 마을에 아기를 낳지 못하는 어머님이 계셨는데 열심히 치성을 드리고 기도를 해서 딸아이를 낳았다는 이야기 외에는 알지 못하셨다.

마을 사람들은 이 들메나무를 아꼈단다. 6.25전쟁 중 이 나무를 베어내어 불로 때면 편하게 겨울을 보낼 수 있었음에도 동네 사람 누구 하나 들메나무는 건들 지 않았다고 한다. 농사짓다가 참을 들러 항상 모였던 나무, 여름에 일하다 한숨 자고 갔던 나무. 이곳 상용리 사람들과 함께한 들메나무다.

회관에서 할머님들께 인사를 드리고 나오려는데 조용히 계시던 할머님께서 마 지막 말씀을 남기셨다. 오랫동안 그 말이 잊히지 않는다.

"이 나무는 우리가 정말 마음으로 고맙게 느끼는 나무예요."

들메나무는 수꽃과 양성화가 각각 다른 나무에 피는 웅성양성이주다. 좀 쉬운 말로 '수꽃 양성화 딴 그루'라고 한다. 쉬운 말로 해도 어렵긴 매한가지다. 들메나무는 수꽃만 따로 피는 나무가 있고, 암술과 수술이 함께 있는 양성화가 다른 나무에 피기도 한다. 들과 산(뫼)에서 자라는 나무라서 들메나무라는 이름이 붙었다고 한다. 그러나 들메나무는 그렇게 쉽게 볼 수 있는 나무가 아니다. 들과 산에서 쉽게 볼 수 있다면 느티나무에 그런 이름이 붙었어야 할 거다.

들메나무의 어원에 대해 다른 의견도 있다. 예전에 들메나무의 껍질을 이용해서 짚신을 단단하게 고정했다고 하는데, 그래서 붙은 이름이라 말하기도 한다. 짚신을 들멨던 나무라는 의미의 들메나무라는 것이다. 그러나 들메나무는 인간이 이름을 붙이기 이전부터 살아왔고 그 자리에 있었다. 인간이 태어나기 훨씬 이전부터 자라고 있었던 것이다.

현재 대한민국에 살고 있는 사람들이 태어나기 훨씬 이전부터 자리를 잡고 살아가던 들메나무 무리가 있었다. 그러나 그 들메나무들은 지금 없다. 동계올림픽

스키 활강장을 지어야 한다며 가리왕산 숲의 일부를 벌목하면서 많은 나무들을 베어냈기 때문이다. 파괴된 가리왕산의 삼림에는 아름드리 들메나무가 살고 있었다. 들메나무뿐이 아니다. 물박달나무와 층층나무, 분비나무, 왕사스래나무, 사시나무, 잣나무, 참나무의 울창했던 모습은 더 이상 볼 수 없다. 물론 지역 홍보도 할 수 있고 국가의 품격도 높일 수 있는 올림픽도 중요하다. 허나 나무 역시 중요하다. 올림픽도 준비하면서 숲을 지킬 방법은 충분히 있었다고 생각한다.

오래되고 큰 나무를 노거수라고 부른다. 노거수는 깊은 산속에서 외따로이 자라지 않는다. 노거수는 언제나 사람과 가까운 곳에 있다. 나무들은 사람들에게 그늘과 휴식터를 내주었고, 사람들은 나무를 아끼고 보살폈다. 먼 곳에 홀로 자라는 나무는 오래 살지 못하지만 사람 가까이에서 사랑을 받은 나무들은 오랫동안 자랄 수 있었다. 인간과 나무가 함께 있어야 서로가 행복했다.

그러나 이제 상황은 달라졌다. 노거수 때문에 개발 허가가 나지 않는다며 수백 년 된 나무에 제초제를 주사해서 고사시켰다는 이야기는 이제 사회면 기사에서 어렵지 않게 볼 수 있다. 멋진 사진을 위해서 오랜 금강송을 베어냈다는 못된 사진작가의 이야기도 우리를 슬프게 한다. 나무와 인간 사이의 관계는 많이 변했다. 나무는 과거와 마찬가지로 여전히 우리에게 그늘을 만들어준다. 그러나 인간은 변했다. 이제 부끄러움과 미안함은 우리들의 몫으로 남아 있다.

세도정치의 헛된 꿈만 남은 안동김씨의 옛집, 김좌근 고택

지금부터 160여 년 전에는 안동김씨가 모든 권력을 쥐고 있었다. 특히 안동김씨의 이름에 권력자의 돌림자인 '병'자만 들어가도 한자리 하던 시절이었다고 하니, 안동김씨의 위세와 세도정치의 폐해가 얼마나 컸는지 짐작할 수 있다.

옛날 이천의 어느 지역에 송씨 가문이 모여 살고 있었다. 그런데 송씨의 집성촌이 최고의 명당이라는 것을 알게 되자 안동김씨 세력은 송씨들을 몰아내고 땅을 차지했다. 송씨들은 어쩔 수 없이 백사면 내촌리에 다시 터를 잡고 살았다. 그런데 유명한 지관들이 송씨가 이주한 내촌리가 최고의 풍수터라고 권력자에게 보고하자 다시 안동김씨 세력은 송씨들을 내촌리에서 내몰고 땅을 빼앗아 못자리

로 썼다고 전해진다. 그리고 못자리 옆에 묘역을 관리하고 여름에 내려와 쉴 수 있는 별장을 지었는데, 그 별장이 바로 오늘 답사할 안동김씨 김좌근 고택이다.

순조의 장인어른인 김조순은 권력욕이 크지 않고 권력에 대한 욕심을 절제했던 사람이라고 한다. 그러나 그의 후손들은 그렇지 못했던 모양이다. 김조순의 아들인 김좌근은 영의정에 올랐고 아들이 없던 김좌근은 9촌 조카인 김병기를 양자로 맞아서 가문의 권세를 이어가게 된다. 김병기 득세 당시에는 왕 위에 김병기가 있을 정도로 그들의 세도가 대단했다고 한다. 국가의 권력이 왕정 시스템의 정점인 왕에 있지 않고 십상시와 같은 세도 세력에게 넘어가자 조선의 공무원 양반 사회는 극도로 부패하기 시작했다. 이 시기를 세도정치기라고 한다. 그래서 나는 1800년부터 1860년대 초까지 세도 가문이 득세했던 60년을 '조선 암흑의

상용리 들메나무 | 내촌리 김좌근 고택

60년'이라 부른다.

이렇게 잘나가던 안동김씨 가문의 가운이 기울기 시작하는데, 바로 천대받던 흥선대원군의 아들이 철종의 뒤를 이어 조선의 새로운 왕이 되면서부터다. 새로운 실권자가 된 흥선대원군은 왕족을 무시하던 세도가문을 하나씩 몰아내기 시작했다. 그러나 김좌근, 김병기 일가는 흥선군이 불우한 시절부터 경제적으로 도왔던 인연이 있던 터라 한직으로 물러나는 선에서 그쳤다. 위기를 넘긴 안동김씨 일가는 다시 옛날의 영화를 누리기 위해 여러 방법을 동원하는데, 그중 하나가 바로 최고의 풍수터인 금반형지에 선조의 묫자리를 쓰는 것이었다. 금반형지에 묫자리를 쓰면 36대가 재상을 할 수 있다고 하니 안동김씨 가문에게는 마지막 남은 희망이었을 지도 모른다. 안동김씨 일가는 최고의 풍수가들을 모아서 금반형지를 찾기 시작하는데 결국 이천에서 최고의 풍수터를 찾아 묫자리로 쓰게 된다. 그곳이 바로 이곳 내촌리다.

내촌리에 있던 안동김씨 일가의 묫자리는 사라지고 비성은 서울대 뜰로 옮겨 갔지만 김좌근 고택의 일부는 그대로 보존돼 있다. 가끔 아내와 아들과 함께 가서 김병기가 앉았을 법한 마루에 앉아 그들의 권력을 떠올려보기도 한다. 김좌근 고택 앞에는 커다란 연못이 있고 연못 가운데는 정자가 세워져 있다. 연못은 아마 금반형 터로 부족한 부분을 채우기 위해 안동김씨 가문에서 조성한 것이 아닌가 싶다. 연못은 연꽃이 가득하고 물오리들이 터전을 삼아 지내고 있다. 세도의 권력은 우리에게 교훈과 함께 조선 후기의 근사한 양반집과 아름다운 연못을 남겨 주었다.

백사면 내촌리의 김좌근 고택 답사길에서는 헛된 욕심의 허망함을 느낄 수 있고, 여전히 인간과 나무의 신뢰가 살아 있는 상용리에서는 들메나무와 사람들의 따뜻한 마음을 느낄 수 있다.

07

이천이라
더 특별한
답사여행

31
역사와 체험을
동시에 누리는
답사여행의 정석

지석리 고인돌 떼 | 도예공방 도예체험

역사는 과거가 아닌 미래를 위한 학문이다. 웬 궤변일까 싶지만 정말 그렇다. 물론 역사는 과거를 연구하는 학문이지만 과거 일들은 오늘날 다시 일어난다. 형태만 다를 뿐이지 과거의 일이 오늘 다시 일어나고 있고 미래에도 반복될 것이다. 고려시대 문벌귀족과 권문세족, 그리고 조선시대 세도가문의 폭정은 형태만 달랐을 뿐이지 언제나 백성의 목을 옥죄었다. 그렇기에 역사를 공부하는 것은 미래를 대비하는 기본 중의 기본이라고 할 수 있다.

조금만 움직이면 역사 공부를 할 수 있는 곳들 천지다. 이천 시내에서 가까운 곳에 청동기 시대를 공부할 수 있는 유적이 있다. 고인돌이 있어서 지석리라고 부르지만 사실은 행정구역상 수하리에 속하는데, 이곳 수하리에 가면 청동기 시대의 고인돌 떼를 만날 수 있다.

우리는 역사 교과서를 통해 구석기인들은 막집이나 동굴에서 살았고, 신석기인들은 큰 강 인근에 움집을 짓고 살았으며 청동기 시대 사람들은 야산이나 구릉에서 살았다고 배웠다. 교과서의 내용을 증명하기라도 하듯 지석리의 청동기 고인돌 유적은 신둔면의 얕은 구릉에 위치하고 있다. 이곳은 정개산이 추운 북서풍을 막아주고 앞쪽에는 신둔천이 흘러 물을 구하기도 쉬웠을 것이다. 인근 마을 어른들에 의하면 오래전에 고인돌 아래에서 돌칼과 화살촉 등을 발견했었다고 하니 그 시대의 모습을 짐작할 수 있을 것이다.

전 세계적으로 고인돌이 분포하지만 대부분의 고인돌은 옛 고조선의 영역과 한반도 남부에 분포하고 있다. 그래서 사람들은 고조선을 '고인돌의 왕국'이라 부르기도 한다.

　고인돌을 세우는 과정은 재밌다. 탁자식 고인돌의 경우는 먼저 땅을 파서 두 개의 고임돌을 세운다. 그리고 고임돌 사이에 흙을 채운 뒤 고임돌 윗부분까지 흙의 경사로를 만든다. 그리고 경사를 따라서 덮개돌을 올리고 흙을 제거하면 북방식 고인돌이 완성된다. 이렇게 고인돌을 완성하기 위해서는 최소 수십 명의 인원이 필요한데, 고인돌의 출현을 통해 계급사회가 등장했음을 짐작할 수 있는 이유가 바로 여기에 있다.

　이곳 지석리 고인돌에 얽힌 추억이 하나 있다. 아이가 어렸을 때 버스 여행을 가끔 떠났었다. 버스정류장에서 기다리다 첫 번째로 멈추는 버스를 타고 버스 종점에 내려서 집까지 걸어오는 무모한 여행이었다. 아이는 이 힘든 걷기 여행이 뭐가 좋았을까? 아들은 한동안 자꾸 버스 여행을 가자고 졸랐었다. 우리는 버스에서 지도를 들고 버스가 이동하는 곳을 손으로 짚어가면서 걸어올 코스를 의논했다. 한번은 수하리 옆 마을에 내리게 됐는데, 지도를 보면서 이곳 수하리 고인돌까지 걸어와서 구경하고 다시 멀고 먼 집으로 향했었다.

　돌아오는 길에는 사진기로 야생화 사진도 찍고, 각자 가방에 싸 온 간식도 함

께 먹으면서 두런두런 이야기를 나눴다. 지도와 함께하는 답사여행은 추억과 함께 생각지 못한 공부도 자연스럽게 함께 할 수 있는 여행이었다.

고인돌만 보고 가기에 조금 아쉽다면, 고인돌 떼 인근 수하리에 있는 느티나무에 가보는 것을 추천한다. 수하리 느티나무는 입이 떡 벌어질 정도로 엄청난 크기를 자랑한다. 이 느티나무는 나라에 큰 일이 있을 때마다 울음을 울어 미리 예견한다는 신령스러운 나무다. 6.25전쟁 전에도 통곡을 하며 울었다고 하는데 얼마 전에도 울음을 울어 마을 사람들이 제를 올려 나무를 달랬다고 한다. 앞으로는 우는 일이 없길 바란다.

이천의 고인돌 떼와 신령스런 느티나무는 신둔면 수하리에 있다.

다른 지역 사람들은 오해를 많이 한다. 타 지역에 가서 내가 이천에 산다고 소개하면 모두 벼농사를 짓는 줄 안다. 그리고 저녁은 이천 도자기에 이천쌀밥과 한상 가득한 한정식을 세팅해서 먹고, 이천 사람은 누구나 도자를 만들 수 있을 거라 생각한다. 그러나 설마 그렇겠는가. 그렇다면 제주 여자들은 모두 물질하고, 영덕 사람들은 저녁마다 영덕대게를 쪄서 먹고, 강원도 사람들은 감자만 캐서 먹겠는가.

멀리서 이곳 신둔에 왔다면 가족과 함께 들러야 할 곳이 있다. 바로 도자체험장이다. 일부러 시간을 내서 주말에 오는 것도 좋다.

여러 해 전에 꼭 만들고 싶은 도자가 있었고, 또한 이천 사람이라는 의무감도 한몫 작용해서 이천문화원 도예교실에 등록을 한 적이 있다. 도자를 배우면 세 번의 짜릿한 첫 경험의 세례를 맞게 된다. 정말 잊을 수 없는 순간이다.

첫 번째 짜릿함을 맛본 건 첫 수업이었다. 20명이 넘는 여자 회원 가운데 남자는 나 혼자였다. 왜 도자를 배우려고 하느냐는 질문에 이렇게 답했다.

"저는 제가 먹는 술을 따를 술잔과 밥을 담을 그릇을 직접 만들고 싶었습니다."

"와~ 술을 좋아하시나보다~" "저도 술 좋아하는데~" "나도 술잔 만들어서 신랑 줘야겠어~ 호호호호…."

　그리고 이어지는 여자 회원들의 속사포 수다. 그 생소하고 여성스러운 분위기에 기가 죽을 수밖에 없었던 첫 수업의 경험은 지금도 잊을 수 없다.

　두 번째는 짜릿함의 강도가 첫 번째와는 본질적으로 다르다. 도자를 만들고 첫 도자가 가마에서 나오는 날이었다. 자기가 만든 도자가 처음 구워져 나오는 날에는 전날부터 설레기 시작한다. 내가 처음 만든 도자는 청자 머그컵이었다. 컵이 가마에서 나올 때 얼마나 신기하던지. 모든 회원들의 기대 어린 눈을 잊지 못한다. 정말 말로 표현 못할 기분이다. 컵은 아직도 집에서 아끼며 사용하고 있다.

　세 번째는 첫 전시회다. 이천시는 매년 가을에 '주민자치평생학습축제'를 열고 있다. 우리 같은 아마추어들이 문화센터와 배움터에서 1년 동안 배운 내용을 바탕으로 그동안 만든 작품이나 연습한 악기, 춤 등을 발표하는 축제마당인데, 도자부문도 꽤 비중 있게 전시가 된다. 조용히 구석에 앉아서 흙을 조물조물하며 만든 내 작품을 다른 사람에게 공개할 때의 기쁨이란!

　이렇게 평소에 겪을 수 없는 기쁨과 두근거림을 느낄 수 있는 것이 도자체험이다. 또한 자기가 만든 그릇에 음식을 담아 먹을 때마다, 술을 따라 마실 때마다

즐거움의 연속이다. 이처럼 도자체험에는 상상 이상의 즐거움이 있다.

도자를 만들어본 경험이 없어도 괜찮다. 지속적으로 배우지 않아도 상관없다. 선생님께서 친절하고 재밌게 가르쳐주니까. 가족과 또는 연인과 함께 도자의 메카 신둔에서 도자체험을 함께 해보자.

도자체험은 덕목도 참 많다. 도자를 만들 때는 흙의 촉감과 조물거림으로 상념이 사라지고, 완성됐을 때는 무엇을 만들었다는 성취감을 느낄 수 있다. 그리고 가장 큰 즐거움은 역시 완성된 도자가 택배로 도착할 때까지의 설렘이다. 일반 택배를 기다리는 즐거움의 100배라면 이해할 수 있을까?

도자체험, 꼭 이천이 아니라도 좋지만 이천이라면 더 행복할 것이다. 도자체험을 할 수 있고, 청동기 시대의 고인돌을 만날 수 있는 곳은 이천시 신둔면 일대다.

32 | 세상 어느 도심에
이런 곳이
또 있을까?

안흥지 · 애련정 | 온천공원

왕들이 머물던 안흥지의 애련정

몇 년 전에 존경하는 선배님이 멀리서 이천을 찾은 적이 있었다. 워낙 바쁘신 분이라 네 시간을 머물겠노라는 통보를 미리 받은 상태였다. 평소에 좋아하던 선배였고 이천이 첫 방문이라 네 시간 동안 이천을 모두 보여드리고 싶었다. 네 시간 동안 도자체험만 하기에는 뭔가 아쉽고, 설봉공원과 박물관 도자센터를 함께 구경하고 이천쌀밥을 대접하는 것은 너무 뻔하고, 장호원이나 율면, 설성 쪽을 돌아보기에는 시간이 부족했다.

산수유마을과 육괴정을 돌아 연당까지 이어지는 '사화벨트'를 보고 올까? 아니면 연당에서 내촌리의 김좌근 고택으로 이어지는 '풍수지리벨트'를 안내할까? 아니면 박물관과 사기막골 도예촌, 그리고 해강도자박물관까지 이어지는 '도자벨트'를 관람할까?

그렇게 고민이 덜 끝난 상태에서 선배를 만났다. 선배를 모시고 안흥지를 낀 도로를 돌며 일단 신둔 쪽으로 향하려는데, 안흥지를 바라보던 선배가 갑자기 차를 세우라는 것이었다. 그 후 일정에 대한 고민은 더 이상 할 필요가 없어졌다.

우리는 차를 세우고 안흥지에서 몇 시간이고 얘기를 나눴다. 선배는 얘기를 나누는 동안 열 번도 넘게 안흥지와 애련정을 칭찬했다. 선배 말로는 어디에도 도심 한복판에 이렇게 넓은 연못과 근사한 정자가 있는 곳은 없단다.

사실 이천 사람들은 안흥지에 큰 감흥을 느끼지 못한다. 왜냐하면 어릴 때부터 항상 있던 풍경 중 하나기 때문이다. 그래서 굳이 안흥지와 애련정을 찾는 수고를 하지 않았다. 선배의 얘기를 듣고 보니 안흥지의 아름다움이 새롭게 다가왔다. 이후에는 외부에서 손님이 오면 도예촌과 이곳 안흥지를 가장 먼저 소개하는데 소개할 때마다 사람들은 감탄을 금치 못했다. 게다가 풍광만큼이나 더 멋진 내력과 아픔이 배어 있기에 연못에 얽힌 이야기를 해주면 누구나 이곳의 매력에 호감을 느꼈다.

안흥지는 연못이다. 그리고 안흥지와 세트로 따라다니는 애련정은 안흥지의 가운데 섬에 있는 정자다. 안흥지와 애련정의 역사는 깊다. 조선 초기까지만 해도 이곳 안흥지는 자연 습지였다. 습지였지만 따뜻한 온천물이 솟았기에 이 지역을 온천배미라고 불렀다. 이런 자연 습지를 네모반듯하게 정비한 사람은 1474년 성종 시절에 이천 사또로 부임한 이세보였다. 이세보는 이곳 습지를 사각형 연못으로 정비해 정자를 짓고, 신숙주에게 부탁해 '애련정'이라는 이름을 얻었다고 한다. 지금은 자연스런 곡선으로 바뀌었지만 안흥지는 내가 어렸을 때만해도 각이 진 형태의 고풍스런 연못이었다.

성종 이후 사화를 피해 내려왔던 김안국과 왕위 계승문제로 갈등과 곤란을 겪었던 월산대군, 동국통감을 지은 서거정 등이 이곳에서 풍류를 즐기면서 시를 남기기도 했다. 또한 조선의 왕들은 여주 세종의 영릉을 참배할 때 이곳 애련정에 들러 풍광을 즐기며 안흥지 온천물에 몸을 씻기도 했다.

안흥지 앞에는 유명한 온천호텔이 있는데, 이곳 온천이 유명해진 계기가 있다. 조선 후기에 어떤 농부가 심한 눈병을 앓고 있었는데, 이곳의 온천물에 눈을 씻고 나서 금방 병이 나았다는 것이다. 소문은 삽시간에 사방으로 퍼져 이후에 많은 사람들이 찾았다고 한다.

이곳 안흥지와 애련정이 행복했던 시절만 있던 것은 아니다. 고려시대와 조선시대에 사랑받던 이곳은 일제강점기에 큰 시련을 겪었다. 일본의 고종황제 강제 퇴위와 군대 해산에 반발한 의병들이 일제히 저항하게 되는데, 이때 일본이 의병 대병력의 근거지였던 이천을 초토화 시키며 의병을 압박했다. 그리고 이천의 백성들이 의병을 도울 거란 생각에 이천 시내의 민가까지 모두 불태웠는데 이 환란 때 애련정도 함께 소실됐다. 비록 일제에 의해 애련정이 불타 사라졌지만 연못은 근근이 옛 모습을 유지한 채 이천 사람들의 사랑을 받아왔다.

이토록 유서 깊은 연못에 또 다른 위기가 찾아온 적이 있다. 사연은 이렇다. 1970년대까지 안흥지는 적지 않은 물이 솟아 구만리 뜰에 농업 용수를 댈 정도

였다. 그러나 주위에 온천호텔이 세워지고 인근이 개발되면서 물이 말랐는데, 바닷물 빠진 아랄해처럼 흉흉하기 그지없었다. 이렇게 황무지가 된 안흥지를 탐내던 곳이 있었는데, 바로 경찰서였다. 새로운 관사 부지를 짓겠다며 토지를 양보하라는 것이었다. 이때 시가 땅을 양보했다면 우리는 영영 안흥지와 애련정을 볼 수 없었을 지도 모른다. 다행스럽게도 지역 원로 분들이 나서서 안흥지 보존을 요구하며 여론을 움직이기 시작했다. 그 결과 시는 안흥지를 재건하겠다며 경찰서의 제의를 거절했고, 안흥지와 애련정은 지금 이 자리에 겨우 살아남을 수 있었다.

시는 안흥지와 애련정을 복원하면서 재미있고 의미 있는 아이디어를 떠올렸다. 이천 여러 지역의 유지들로부터 이천 각지의 나무를 기부 받은 것이다. 현재 심어진 나무들은 이천의 여러 지역을 대표해서 심은 나무들로 이천의 화합을 상징한다고 한다. 이런 얘기를 듣고 안흥지를 산책하니 더 흥미롭게 느껴진다.

안흥지에는 오래되지 않은 전설이 하나 더 있다. 꼭 1년에 남학생 한 명씩 얼음이 깨져 빠진다는 것이다. 말 지어내기 좋아하는 사람들은 옛날에 빠져 죽은 처녀귀신의 저주라고도 하는데 이도 사실은 이유가 있다. 이곳 안흥지 주변은 유명한 온천지대다. 아직도 32도 안팎의 알카리성 온천수가 솟는데 안흥지 한쪽에서도 따뜻한 물이 조금씩 흘러나오고 있다. 그래서 그 부분은 겨울에 얼지 않거나 표면만 살짝 언다. 그러니 멋모르는 아이들이 놀다가 빠질 수밖에.

나에게도 안흥지에 관한 마음 아픈 추억이 하나 있다. 아내를 만나기 전에 아는 형님의 소개로 잠깐 만났던 처자가 있었다. 그녀와는 인연이 아니었다고 생각해 이곳 안흥지에서 이별을 고했다. 일주일 뒤 점심 쯤 안흥지를 지날 일이 있었는데 그만 마음 아픈 광경을 보고 말았다. 헤어진 연못가 그 자리에 그녀가 앉아 있던 것이다. 호수의 잔잔한 물결이 그녀를 위로해 주길 빌었던 시절이다.

안흥지와 애련정, 옛 선조들의 자취가 남아 있고 개인적 아픔까지 담겨 있는 이곳. 안흥지의 추억과 역사는 이천 여러 곳에서 모여든 나무들과 함께 얽혀서 더욱 빛나고 있다. 안흥지와 애련정, 이천에서 가장 사랑받아야 할 곳 중 하나임에 틀림없다.

안흥지에서 길 하나만 건너면 온천공원으로 이어진다. 넓은 의미에서 본다면 안흥지도 온천공원의 일부다. 이곳 온천공원도 조성된 내력이 있다.

1990년대 초만 해도 이천 시내는 현재의 절반 크기였다. 이후 증포동과 안흥동 택지에 아파트가 들어서고 갈산동까지 개발되면서 순식간에 시내의 크기는 두 배가 됐다. 이때부터 문제가 나타났다. 양쪽의 시내를 잇는 길은 좁은 길 두 개가 전부였다. 교통량에 비해 도로가 턱없이 부족하자 시는 양쪽을 막고 있는 작은 야산 한가운데를 갈라 도로를 만들었다. 인간은 편리해졌지만 산허리를 드러낸 야산은 을씨년스러웠다. 이천 주민들은 남은 야산에도 얼마 지나지 않아 아파트 단지가 들어설 거라고 추측했다. 당시는 개발 붐이 일던 시기라 사람들의 추측은 충분한 근거가 있었다.

그런데 놀라운 소식이 들려왔다. 나무를 모두 베어내고 개발될 거라 생각했던 야산에 아파트가 아니라 공원이 들어선다는 것이었다. 게다가 기존 야산의 나무 들을 최대한 훼손하지 않고 보존한다는 소식까지. 그리고 몇 년 뒤, 우리는 시의 약속이 거짓이 아님을 알 수 있었다.

건설업체들로부터 로비도 있었을 것이다. 노른자 땅이라 누구나 탐냈을 테니 말이다. 그러나 당시 조병돈 시장의 고집으로 공원 조성을 추진했다고 하니 칭찬 받을 일이 아닌가 싶다. 사실 온천공원이 들어서기 전의 야산은 사람들의 휴식처 보다 아이들의 탈선 장소로 이용되곤 했었다. 그런데 새로 들어선 공원에는 갈 곳 없던 주위 아이들이 마음껏 뛰어놀 수 있는 작은 운동장과 X게임장도 있고, 공연을 할 수 있는 공연장도 마련 돼 있다. 또 광장에서는 계절별로 다양한 축제가 열린다. 산책로도 기존 야산을 활용해 아기자기하게 만들어서 주변 아파트 어르신들은 저녁 식사를 마치면 항상 공원에 들러 산책을 한다.

가장 우려했던 부분은 야산을

반으로 가른 도로였다. 그런데 이 문제는 이름도 근사한 온천교라는 다리를 놓아 자연스럽게 이어지도록 함으로써 해결됐다. 또한 공원 광장부터 다리까지 메타세쿼이아를 심었는데 아직은 키가 작아 허룩해 보이지만 5년만 지나면 아주 근사한 산책길이 될 것 같아 벌써 마음이 설렌다.

온천공원은 시내 중심에 있어서 사람들이 이동할 때도 이 공원을 이용한다. 일반 길보다 더 빠르기 때문이다. 출근길과 등굣길 모두 공원 산책이 되는 셈이다. 또한 이천에서 열리는 조각심포지움에 출품된 조형물의 일부를 온천공원에 배치했는데 이는 산책의 즐거움을 더한다.

조형물 중에서 내가 가장 사랑하는 것은 모나리자 조형물이다. 모나리자와 온천공원은 전혀 어울릴 것 같지 않다. 처음에는 모나리자 조형물을 설치할 때 불만도 있었다. 굳이 온천공원의 중심에 서양의 명화를 넣은 이유가 무얼까 생각했기 때문이다. 차라리 윤두서의 자화상이 훨씬 낫겠다 싶었다. 그런데 얼마 지나지 않아 생각이 바뀌었다. 모나리자 조형물은 금속 망으로 이뤄져 있는데 공원의 분위기와 무척 잘 어울린다. 이 조형물은 감상하기 가장 좋은 시간이 따로 있는데, 저녁 무렵 설봉산에 해가 넘어갈 때 모나리자 조형물을 통해 석양을 바라보면 행복감은 두 배가 된다.

나는 저녁 어스름 피곤에 지친 몸을 이끌고 섰을 때, 해가 넘어가는 붉은 노을을 배경 삼아 알 듯 모를 듯한 미소로 우리들을 반겨주는 모나리자를 사랑한다. 마치 '오늘 힘들었지? 네 맘 다 알아. 오늘 하루도 수고했어'라며 미소 짓는 것 같다.

온천공원 인근에는 아파트 단지와 단독 주택들이 많다. 마침 아이의 외가가 근처라 명절에 가족들이 함께 모이면 저녁을 먹고 언제나 이곳 온천공원을 산책한다. 힘든 일과를 마치고 부드러운 모나리자의 미소를 보며 온천공원에서 가족과 함께 하루를 마감하는 건 정말 환상적인 일이다. 모나리자 조형물을 세운 건 정말 잘한 일이다.

애련정 시비가 있어 더욱 운치를 더하는 안흥지와 왕들이 머물렀던 애련정, 그리고 저녁 산책이 행복한 이곳은 이천 시내 중심의 온천공원이다.

33 | 도화행화 피어 있는 무릉도원, 백족산 산책길

장호원 복숭아나무 · 배나무 | 백족산 | 어석리석불

열매보다는 꽃! 복숭아나무와 배나무

귀촌을 꿈꾸는 나에게 아파트 베란다는 시골살이에 대한 염원을 잠깐이나마 잊게 한다. 베란다에서 자라는 여러 작물들을 보면서 귀촌에 대한 꿈이 옅어지기까지 했다. 베란다 농사가 잘 되어 수박도 성공하고 고추도 성공하면서 자신감은 더욱 커졌다. 자신감은 만용에 가깝게 이어졌다. 베란다에서는 기르기 힘든 사과와 산수유까지 도전을 하게 된 것이다. 결과는 정말 참혹했다. 아끼던 사과나무가 나무 막대로 변해버림을 확인한 어느 봄날, 다시는 실내에서 원예용 나무 외에는 기르지 않겠다는 다짐을 했더랬다.

다시 사단이 난 건 작년 봄이었다. 이른 봄날 시골집 뒤꼍에서 빈터를 발견하고는 종묘회사에 나무를 주문했다. 꽃을 좋아하는 어머니를 위해서 꽃잎이 아름다운 남경화, 철쭉과 함께 어릴 적 봄날의 간식을 책임졌던 과수의 로망인 앵두나무와 사과나무 한 그루를 주문했다. 그런데 도착한 택배에 이름 모를 (복숭아나무로 추정되는)나무 세 그루가 함께 포장돼 있었다. 시골 뒤뜰의 빈터는 앵두나무와 사과나무가 입주할 예정이라 간신히 한 그루 정도만 더 심을 수 있었다. 이때부터 달콤한 유혹이 시작됐다. 길고 매끈한 잎과 토실토실한 복숭아 열매에 대한 유혹과 과거의 참혹한 추억 사이의 갈등이었다.

마침 사무실 한편에 사용하지 않은 커다란 화분이 화근이 있었다. 빈 화분은 실내에서 다시 과수를 키워보라는 신의 계시 같았다. 정성을 다해 과거의 잘못을 복숭아나무를 통해서 만회하라는. 결국 가장 튼튼해 보이는 녀석을 사무실 빈 화분에 심었고, 하나는 시골집에 곁다리전세로, 나머지 제일 작은 녀석은 산식품을 운영하는 김종우 시인의 공장 뜰로 보내졌다.

정말 정성을 다했다. 도서관에서 과수 관련 책도 읽어 보고, 사이트 여기저기를 돌아다니면서 정보를 얻으며 가을걷이에 대한 꿈을 꿨다. 시간이 흐르자 잎이 돋기 시작했다. 복숭아나무의 트레이드마크인 길쭉하고 시원스런 잎이 나오기 시작했던 것이다. 그에 비해 시골집 복숭아는 싹이 트지 않았다. 걱정하는 내게 어머님께서는 "걱정마라. 다 난다"라며 아무렇지도 않게 말하셨다. 이후에도 사무실 복숭아나무는 잎이 풍성하게 자라기 시작했다. 이번에는 정말 잘 되는 줄 알았다. 정말 그럴 줄 알았다. 그렇게 한 달이 지날 때였다. 사무실 복숭아나무의 잎이 시들기 시작하면서 시름시름 앓기 시작했다. 얼른 시골집에 있는 건강하게 잎을 내기 시작하는 형제 곁으로 옮겨 심었지만 이미 때는 늦었다. 얼마 지나지 않아 나의 복숭아나무는 지난번 그때처럼 싸늘한 나무 막대기로 변해버렸다.

때마침 복숭아 묘목을 드린 시인 형님께 사진과 함께 연락이 왔다.

"보내준 나무는 복숭아나무임이 확실해졌네, 나무 그늘에서 도원결의를 해도 되겠어."

그 사건 이후로 정말, 다시는 실내에선 다 자란 나무를 옮겨 심지 않게 됐다.

오늘의 여행은 장호원의 백족산이다. 장호원에는 복숭아가 유명하다. 백족산은 장호원 사람들의 진산이다. 산에 오르는 코스는 여럿이지만 주로 산의 동남쪽 무량사에 주차를 하고 오른다. 무량사 등산로 주변은 복숭아 과수원이다. 과수원 사이로 등산로가 이어진다. 복숭아꽃 사이를 산책하다 보면 선조들이 괜히 무릉도원을 이야기한 것 같지 않다. 우리가 생각하는 무릉도원은 복숭아가 가득한 미각 충만한 곳이 아니라 복숭아꽃이 가득한, 눈이 황홀한 곳이다.

복숭아꽃은 뭐랄까? 시집갈 때가 지난 처녀의 빨간 볼 같다. 색이 연분홍색을 넘어 진한 분홍색을 띤다. 이런 걸 색기라고 하나? 그래서 그런지 조선시대에는 복숭아꽃을 부녀자들이 기거하는 곳에는 심지 않았다고 한다. 복숭아꽃을 보고 바람이 들지도 모른다는 말도 안 되는 속설 때문에서다. 사리에 맞지 않는 말이지만 연분홍, 진분홍빛 복숭아꽃을 보면 정말 나도 모르게 기분이 싱숭생숭해짐은 어쩔 수가 없다. 혹시 이런 기분이 커지면 무릉도원에서의 기분을 맛볼 수 있는 것이 아닐까?

"30년 전만 해도 무조건 살충제만 뿌렸어요. 근데 요즘에는 해충마다 독성이

약한 전용 약을 쓰기 때문에 괜찮아졌습니다.”

농약을 걱정하는 내게 복숭아 과수원의 어르신은 안심하라며 말을 덧붙이신다.

“장호원은 분지 지형인 데다 일조량도 많고 일교차도 큰 데다 물 빠짐이 좋아서 복숭아나 사과를 키우기에는 최고죠.”

장호원 복숭아가 왜 유명한지 여쭤보니 이렇게 답을 하신다.

장호원 복숭아를 ‘미백도’와 ‘황도’라고 부른다. 하얗고 아름다운 복숭아와 누런 복숭아라는 뜻이다. 두 품종 모두 장호원이 전국에서 가장 먼저 심기 시작했다. 장호원 미백도 복숭아에는 내력이 있다.

일제강점기에 일본에서 공업이 발달하면서 쌀이 부족해졌다. 그래서 내륙의 쌀을 수탈하기 위해 엄청난 자본을 들여서 천안에서 이곳 장호원까지 철로를 개설했다. 철도가 들어오자 장호원은 급속도로 발전하기 시작했다. 그런 풍족한 상황이 과수를 부르게 됐다.

그때 이곳에 복숭아, 배, 사과 등을 처음 심었다고 한다. 6.25전쟁이 발발하자 복숭아 과수원을 운영하는 장호원 주민이 대전으로 피란을 가게 됐는데 마침 그곳에 미국인 선교사가 복숭아를 기르고 있었다. 그분이 그곳 과수원에서 복숭아 가지를 얻어 와서, 장호원에 있는 자신의 복숭아 과수에 접붙이기를 했다. 그 후 접붙인 나무에서 믿지 못할 정도로 크고 당도도 뛰어난 복숭아가 열렸고, 미국에서 들여온 흰 복숭아라는 의미의 '미백도'라는 이름을 붙였다고 한다. 미백도에 대한 소문은 전국으로 확산됐고, 묘목을 구하려고 전국에서 사람들이 몰려들었다. 그렇게 장호원 복숭아는 전국에서 가장 유명해졌다.

백족산은 우리 가족의 단골 등산지다. 봄의 백족산은 정말 형용할 수 없는 기쁨을 준다. 정말 이 꽃들을 우리가 누려도 될까 싶을 정도다. 이 때문에 봄의 백족산 무량사 등산로는 사진 찍는 사람들의 출사지로 유명하다. 등산로에는 4월이면 산수유가 노랗게 물드는데 산수유는 그저 시작일 뿐이다. 4월 말부터 5월로 이어지는 백족산은 정말 과일 꽃의 대향연이다. 꽃의 파도타기랄까.

등산로 주변은 복숭아와 배, 그리고 사과 과수원으로 둘러싸여 있다. 등산로를 처음으로 물들이는 꽃은 배꽃이다. 배꽃은 정말 하얗다. 벚꽃과는 다른 느낌의 하얀색이다. 배꽃은 화심 부분이 연한 녹색을 띠는데 그 연한 녹색 때문에 더 하얀 느낌이 들게 한다. 게다가 벚꽃은 잎이 나기 전에 꽃잎이 터지지만 배꽃은 잎과 함께 나기 때문에 벚꽃과는 분위기가 사뭇 다르다.

배꽃과 함께 등산로를 물들이는 꽃은 사과와 복숭아다. 사과꽃은 흰색 꽃잎 끝부분에 살짝 분홍색을 머금고 있다. 그래서 사과꽃은 부끄럼타는 어린 처녀의 수줍은 볼 같은 느낌이 든다. 그에 비해 복숭아꽃은 대놓고 연분홍색이다.

무량사 옆 복숭아밭 등산로를 따라 약간만 더 오르면 백족산 약수터가 등장한다. 몇 해 전만 해도 자연 그대로의 샘물이라 돌바닥에서 바가지로 물을 퍼야 했는데 시에서 등산객의 편의를 위해 약수터 주변을 정비하면서 예전 같은 예스러운 느낌이 옅어졌다.

백족약수터에서 정상으로 오르는 길에는 계단도 많다. 계단이 많다는 것은 제법 경사가 급하다는 뜻일 거다. 그래도 아들은 가위바위보 놀이를 하면서 오르자며 좋아하는 그런 코스다.

백족산은 한자어 그대로 해석하면 '백 개의 다리 산'이 된다. 그렇다면 백 개의 다리는 무엇과 연관이 있을까? 백족산 이름의 내력을 헤아려보자.

백족산 아래 미륵석불이 있는 어석리는 예전에 석당부락이라고 불렸는데 석불 근방은 모두 사찰지였다고 한다. 사찰의 이름은 '관절'이라고 하는데, 관절과 관련해 재밌는 이야기가 전한다.

고려시대에는 관절의 규모가 매우 컸다. 절에 속한 스님의 수도 99명이나 됐다. 그런데 어느 때부턴가 백족산에 사는 큰 지네가 밤마다 내려와 승려 한 명씩을 잡아먹었다. 이런 일이 거듭돼 결국 승려들이 하나 둘씩 절을 떠나고 스님 한 분만 남게 됐다. 하루는 스님과 친하게 지내던 근방 서당 훈장이 찾아와 스님에게 무명옷 한 벌을 주면서 이렇게 말했다.

"냄새가 나더라도 이 무명옷은 절대 벗지 마시게."

그날 밤, 스님은 무명옷을 입고 예배를 드리고 있었다. 그런데 갑자기 스산한 기운이 돌더니 거대한 지네가 나타나 저항할 틈도 없이 승려를 물고 바위굴 쪽으로 사라졌다. 이튿날 아침, 스님이 궁금해진 친구가 절에 찾아가보니 스님은 사라지고 끌려간 흔적만 남아 있었다. 훈장이 흔적을 따라 백족산 중턱까지 따라가보니 지네가 사는 커다란 굴 입구에 지네가 죽어 있었다. 친구가 준 무명옷에는 담뱃진이 발라져 있었는데 스님을 삼키면서 담뱃진에 지네가 함께 죽은 것이다. 관절의 마지막 스님이 죽고 나서 관절도 폐사가 되고 이후 미륵불만 달랑 남았다고 한다.

이 이야기는 호사가가 지어낸 말이거나, 조선의 숭유억불 정책으로 허룩해지는 절 형세를 변명해서 만든 핑계거나, 불교를 싫어하는 유학자의 험담으로 생긴 이야기일지도 모른다. 그러나 백족산 기슭에는 전설 속 지네굴이 아직도 존재하고 있어 신빙성을 더하고, 등산하는 사람들에게 옛 이야기를 하며 오를 수 있는 기쁨을 선사한다.

복숭아, 사과꽃과 함께 지네 전설을 이야기하며 걸을 수 있는 이곳은 장호원의 진산 백족산이다.

백족산 아래 어석리는 무안 박씨가 들어서면서 현재는 박씨 집성촌이 됐다. 박씨가 마을에 들어서게 된 데에는 내력이 있다.

때는 조선 초, 박함이라는 사람이 있었다. 박함은 14세기 말에 태어나 세종 시절 벼슬을 하면서 단종을 가르쳤던 인물이다. 박함은 학식이 뛰어났고 몸가짐이 바른 사람이라 어린 단종은 박함을 몹시도 흠모했다고 한다.

단종은 삼촌인 수양대군에게 왕위를 뺏기면서 유배를 떠나게 됐는데, 스승인

박함이 영월의 유배 길을 함께했다고 한다. 어린 시절부터 가르쳤던 자신의 제자이자 자신이 모셨던 어린 임금과 마지막으로 동행했던 심정은 어땠을까?

박함은 오랜 시절 궁궐 생활을 하면서 궁중 정치의 잔혹함을 알고 있었다. 삼촌이 죽일 리 없을 거라는 단종의 생각은 부질없는 것이라는 것을 잘 알고 있었을 것이다. 결국 박함은 단종이 죽은 후 정치에 대한 염증을 느끼고 이곳 어석리로 들어오게 된다.

앞의 지네 전설이 전해지는 절이 바로 이곳 어석리 근방에 전하는 전설이다. 어석리의 절은 신라 법흥왕 15년 주지스님인 이씨가 법흥왕의 명을 받고 창건했다고 전해진다. 그러나 법흥왕 때는 왕실이 불교를 받아들이는 것도 귀족들의 불신과 반대에 부딪혔던 시절이다. 이런 시기에 변방인 이곳 백족산에 절을 세웠다는 것은 믿기 힘들다. 지금은 어석리에 거대한 미륵불상만 남아 이곳이 절터였다는 것을 알려주고 있다.

전국 각지에 미륵불상이 세워져 있다. 보통 미륵불이 있는 동네는 미륵댕이나 석당리라고 불린다. 이런 미륵불을 볼 때 문화재로서의 감흥보다 안타까움이 먼저 솟는 것은 어쩔 수 없다. 미륵불은 고통 받는 백성들을 위해 현신할 부처를 의미한다. 많은 백성들은 이 불상에 엎드려 천 번이고 만 번이고 발원했을 것이다. 어서 미륵불이 깨어나서 천지개벽하며 나쁜 사람들을 잡아가 달라고 말이다. 이곳 사람들뿐 아니라 우리 백성들은 가난의 고통과 가렴주구의 억울한 분통 역시 미륵불 앞에서 빌며 위안을 얻으려고 했다.

우리 민족은 참 순한 민족이라는 생각을 해본다. 우리는 부당한 권력에 저항해서 권력자의 목을 한 번이라도 쳐보지 못한 역사를 갖고 있다. 기득권 세력의 권력에 대한 암투로 정권은 빈번히 바뀌었지만, 억울했던 서북 사람들의 봉기와 갑오년 봉기도 실패로 돌아갔다.

어석리는 백족산과 아름다운 청미천 사이에 자리 잡은 마을이다. 산책하기 좋은 시골 마을 중심에는 커다란 석불이 있다.

봄이면 배꽃과 복숭아꽃의 아름다운 물결과 등반의 재미를 느낄 수 있는 곳, 그리고 단종의 아픔과 미륵불을 통해 민중의 아픔을 생각하며 걸을 수 있는 이곳은 장호원의 백족산과 인근의 어석리 마을이다.

34 자전거와 함께 달리는 정개산

정개산 | 장동리 느티나무 · 향나무

나는 혼자 다니는 자전거여행을 좋아한다. 그래서 홀로 자전거만 끌고 일본 홋카이도에 다녀온 적이 있다. 복잡하고 설레고 머리도 살짝 아픈, 이런 여러 마음이 비빔밥처럼 버무려진 여행 첫날을 아직도 잊지 못한다.

한번은 오토바이를 타고 홀로 일본을 일주 중인 할아버지를 만난 적이 있다. 그는 1년에 한 번은 일본 일주여행을 한단다. 우리 나이로 80이 다 된 노인분이었다. 표정만 봤을 때는 60을 갓 넘겼을까? 복장과 오토바이는 예전에 유행했던 드라마 〈레니게이드〉의 주인공을 연상케 했다. 나도 그처럼 살겠다는 다짐을 했던 시절이었다.

이천에서의 자전거여행 역시 재밌다. 이천에는 홀로 환상적인 자전거 라이딩을 할 수 있는 산이 여럿 있다. 최고의 산은 역시 설봉산이다. 이천 산악자전거 동호회원들에게 설봉산은 성지와도 같은 곳이다. 다양한 코스와 함께 물을 얻을 수 있는 약수터도 많고, 토질도 좋아 언제라도 보송보송한 라이딩을 즐길 수 있다. 그러나 설봉산은 등산객이 많이 찾는 곳이라 피해를 줄 수 있어서 요즘에는 정개산과 원적산 임도로 향한다.

나는 10여 년 전에 산악자전거 동호회에 가입해서 동호회 사람들과 자전거를 참 많이 타고 다녔다. 함께 다니는 라이딩과 홀로 다니는 것은 차이가 좀 있다. 함께 다니면 일단 라이딩에 대한 두려움이 사라진다. 쉬면서 수다 떨거나 라이딩 중에 식사를 하는 것도 함께하는 라이딩의 재미 중 하나다.

설봉산은 홀로 라이딩을 해도 위험이 덜하지만, 정개산 라이딩은 인적이 뜸해 사람들과 함께하는 게 안전하다. 정개산의 대표적인 라이딩 코스는 의병전적비

에서 시작해 시계 방향으로 돌아가는 코스다. 정개산 의병전적비와 인근의 약수터는 정개산 라이딩의 베이스캠프 같은 곳이다. 그곳에서 쉬면서 물도 채우고 계획도 세울 수 있다.

약수터에서 시작해 남쪽의 이천 시내와 들판을 바라보며 한참을 달릴 수 있다. 시내의 북쪽에 있기에 정개산의 남쪽을 따라 햇살을 받으며 달릴 수도 있다. 그렇게 이천 시내와 남쪽 들녘을 바라보며 한참을 달리면 장동리로 내려오는 코스가 이어진다. 그곳에서 다시 원적산 산수유 둘레길을 따라 영원사로 오르고, 영원사 임도로 산을 넘어서 여주 주록리 쪽 잣나무 숲을 돌아오는 것이 우리들의 정개산 원적산 라이딩 풀코스다.

보통의 초보는 정개산에서 장동리 쪽으로 내려와 근방에서 식사를 하고 끝낸다. 이 코스도 나름 매력이 있다. 편하게 완상하면서 달릴 수 있는 곳이기 때문이다.

중수쯤 되는 사람들은 장동리에서 다시 산수유 둘레길을 따라 원적산 영원사까지 오른 뒤 내려온다. 이곳은 길이 예쁘다. 봄에는 산수유 꽃과 함께 달릴 수 있고, 여름에는 시원한 그늘과 함께 새 소리를 들으며 달릴 수 있는 환상의 코스다. 내 저질 체력에 어울리는 코스는 딱 여기까지다. 이곳까지 오르는 것도 쉽지 않은데 쉼 없이 영원사까지 오르면 녹초가 돼서 영원사 평상에 뻗어 눕게 된다.

그러나 진짜 고수를 자처하는 사람들은 영원사를 끼고 산을 한 번 더 올라 원적산 뒤쪽으로 빠져나가서 한 바퀴 돌고 온다. 산의 뒤쪽에는 잣나무와 전나무 숲이 울창해서 여름에 라이딩 할 때의 시원함과 청량감은 이루 말할 수 없다.

나는 혼자 달리며 생각하는 자전거여행도 좋아하지만 아들과 함께 들판을 누비는 자전거여행을 더 좋아한다. 자식이 배불리 먹는 것만 봐도 행복한 부모님의 마음과 비슷한 감정이랄까? 신나게 달리는 아이의 모습을 보면 내가 다 건강하고 행복해지는 느낌이다. 이렇게 아이와 자전거여행을 다니게 된 데에는 롤모델이 따로 있다.

자전거 동호회 활동을 함께했던 선배가 있었다. 그 형과 정개산과 원적산의 임도를 자전거로 함께 달렸다. 의지가 강한 사람이었다. 한번은 아들을 데리고 왔다. 형은 아들이 고등학교에 입학하자 300만 원을 훌쩍 넘기는 자전거를 아들에게 덥석 사 줬다. 좀 과하다 싶어서 한마디 했더니 아들과 함께하는 시간은 돈보다 소중하다는 말이 돌아왔다.

그 부자와 함께 한밤중에 자전거로 설봉산을 오른 적이 있었다. 설봉산 이섭봉 달밤 아래에서 두런거리며 이야기하는 부자의 모습을 잊지 못한다. 달빛으로 인한 실루엣만 보였지만 둘 사이의 마음은 충분하게 느낄 수 있던 따뜻한 라이딩이었다. 안타깝지만 이 이야기는 해피엔딩이 아니다. 그 형은 간에 문제가 생겨 이제 더 이상 아들과 함께 달릴 수 없다. 그러나 자전거를 통해 아들과 함께한 5년의 시간은 그 형에게는 물론 아들에게도 영원히 남아 있을 것이며, 형의 산과 자전거에 대한 유산은 아들의 아들에게도 남을 것이다.

정개산 임도에서 장동리로 내려오면 맑은 개울물 옆으로 오랜 느티나무 몇 그루가 반겨준다. 옆 동네 육괴정이 있는 곳과 비슷한 수령의 나무다. 이곳 장동리는 괴정6현 가운데 계산 오경 선생이 낙향해서 은일하며 여생을 즐겼던 곳이다. 오경 선생은 김안국의 제자였는데, 김안국은 제자들 가운데 오경을 가장 아꼈다고 한다. 이곳 장동리 기슭에는 오경 선생이 서재를 지어 풍류를 즐겼다는 '계산취로'에 대한 이야기도 전한다.

장동리의 마을회관 앞을 지키고 있는 느티나무는 오경이 이곳에 낙향하면서 심었거나 후손이 심었을 것이다. 이 느티나무는 라이딩 답사객에게는 의병전적비 위 약수터에 이어 두 번째 베이스캠프에 해당한다. 정개산에서 내려와서 이곳 느티나무 아래서 쉬면서 다음 코스를 정하기 때문이다. 라이딩을 가볍게 끝내고 싶은 사람은 이곳에서 시내로 향하고, 더 타고 싶은 사람들은 느티나무를 돌아 도립리로 향하는 길로 들어서면 된다. 장동리 느티나무는 라이딩 코스의 갈림길 이정표다.

장동리 시냇물을 따라 조금만 더 내려가면 오랜 향나무를 만날 수 있다. 장동리 향나무는 다른 나무보다 고풍스러운 느낌을 준다. 아마 향나무 줄기 때문인 것 같다. 향나무의 줄기는 회오리 모양으로 감고 올라가는데 오랜 시간의 흔적이 아닐까 싶다.

향나무로 만드는 향은 죽음과 삶을 잇는 역할을 한다. 죽음으로 인해 사라지는 영혼은 마치 연기처럼 하늘로 사라지는데, 향의 연기가 그 죽음과 삶을 연결하는 통신선의 역할을 하는 듯하다. 향에 대한 최초의 기록은 『삼국유사』에 전한다. 신라 눌지왕 때 양나라에서 향을 보내왔는데 향 사용법을 몰라 고구려 승려 묵호자가 알려줬다고 한다. 묵호자는 이 향을 이용해서 공주의 병을 치유했다.

불가의 수도승만 향을 사랑했던 것은 아니다. 조선시대에는 유학자들이 번잡함을 털어내고 맑은 정신을 유지하기 위해 향을 피워 즐기기도 했다.

향나무는 인생을 아는 나무다. 7~8년이 안 된 나무와 가지의 잎은 날카로운 침 모양을 하고 있다. 그러나 신기하게도 나이가 들면 부드러운 잎이 나기 시작한다. 아마 어릴 때는 튼튼하게 자랄 수 있을 때까지 날카로운 가시로 자신을 보호하려고 했던 것이 아닐까 싶다. 그리고 나이가 들어 열매를 맺게 되면 새에게 열매를 내주어 종족을 번성하기 위해 가시를 걷는 것일지도 모르겠다.

정개산과 원적산에서는 재밌는 라이딩도 할 수 있고, 오경 선생의 오랜 느티나무와 향나무도 만날 수 있다.

35 이천의
황금 들판을 함께 걷는
풍요로움이란!

이천의 쌀나무 | 자채방아마을

쌀은 우리 민족이다

나의 아버지는 농부다. 그것도 이천쌀을 농사짓는 자랑스러운 모가면의 농부시다. 농부는 무에서 유를 만들어내는 세상에서 단 하나뿐인, 가장 성스러운 직업이다. 아버지 말씀에 의하면 한 톨의 볍씨는 100톨의 쌀알이 된다고 한다. 즉 한 가마를 심어서 100가마의 쌀을 수확하는 것이다. 세상에 이런 마술이 또 있을까? 가을에 수확한 쌀 한 가마를 그냥 먹어버리면 그뿐이지만 잘 보관했다가 이듬해에 심으면 우리 가족의 일용할 양식은 물론 모두에게 넉넉한 민족의 양식이 되는 것이다. 세상에 이보다 더 멋지고 인류에 도움이 되는 직업이 또 있을까?

이런 부모님을 창피해 했던 적이 있다. 초등학교부터 중학생까지 세상의 모든 직업은 농부였다. 그때는 학교에서 부모님 직업을 조사했는데 농부가 아닌 분은 없었다. 그런데 고등학교에 입학하고 달라졌다. 맏아들의 성공을 바랐던 부모님은 나를 대도시를 보내셨는데, 도시에는 농부라는 직업은 없었다.

고등학교 3학년 때였다. 그해 여름 큰 태풍이 불어와 시골, 도시 가릴 것 없이 수해로 난리법석이었다. 정부에서는 피해를 입은 가정에 학비를 면제해줬는데 담임선생님께서는 한 항목씩 조사하기 시작했다. 축대 붕괴부터 침수 등 다양한 항목의 조사가 끝나고 드디어 농업 관련 조사를 하셨다.

"벼가 쓰러져서 큰 피해를 본 집?"

아이들은 누구라고 할 것 없이 웃기 시작했다. 벼를 가까이서 구경도 못한 아이들도 있기 때문이다. 나는 그 상황에서 손을 들 수 없었다. 웃음을 조장하는 듯 말하는 선생님도 미웠다. 얼마 뒤 집에 내려갔을 때 상황은 뉴스에서 본 것보다 더 참혹했다. 다행히 집 주변 군부대에서 도움을 줘 정리가 됐지만, 부모님에

대한 미안함은 가슴 한편에 20년이 훨씬 넘도록 남아 있다.

나는 부모님의 벼농사로 학교도 다녔고, 이렇게 가족과 함께 답사여행도 다니며 살고 있다. 지금은 아이들을 가르치며 틈틈이 부모님 일을 거들지만, 언젠간 나도 아버지 뒤를 이어 이천쌀을 농사짓는 농부가 되고 싶다.

세계에서 가장 불안한 나라는 식량을 자급하지 못하는 나라라고 생각한다. 필리핀은 과거 쌀 생산 대국이었다. 필리핀은 국가발전을 위해 자국의 쌀보다 값이 싼 베트남과 타이에서 쌀을 수입하고, 대신 부가가치가 높은 사탕수수와 코코아 등을 수출품목으로 키웠다. 필리핀 정부가 벼농사에 대한 예산도 줄이자 결국 파산한 영세 농민들은 농장의 임금노동자로 전락했다. 당연히 논의 면적도 줄고 생산량도 줄어들었다. 그러나 필리핀은 행복해지지 않았다. 2008년 닥친 곡물가격 폭등으로 위기에 빠지게 된 것이다. 정부는 막대한 예산을 들여 외국에서 쌀을 구입하고, 식량 자급률을 높이기 위해 여러 정책을 세웠지만 쉽지 않았다.

우리는 이미 70년대에 오일쇼크를 겪어봤다. 만약 기후변화, 또는 메이저 농업 회사의 농간에 의해 식량쇼크가 온다면 오일쇼크와는 비교되지 않을 정도의 경제적 손실과 고통을 가져올 것이다. 경제적 문제로만 끝나지 않을 수도 있다. 필리핀은 이미 이 문제로 폭동까지 여러 차례 일어났었다. 쉽게 볼 문제가 아니다. 최대의 식량 공장이라고 불리는 미국과 호주, 그리고 우크라이나 지방에서도 기상이변에 의한 가뭄과 홍수 소식이 연일 언론에 오르내린다. 언제고 식량 쇼크는 일어날 수 있고, 식량 안보에 대한 문제로까지 발전할 수 있다.

외국의 압력과 경제 논리에 의해 쌀의 완전한 자유개방이 이뤄질 경우 우리 국민과 정부는 잠깐 동안 경제적 부담을 줄일 수 있다. 쌀값이 낮아지니까 말이다.

그러나 쌀값 폭락은 농부들의 농업 포기로 이어질 것이다. 그렇게 되면 식량의 자급률은 더 떨어질 것이고 그 상태로 굳어지면 다시 자급률을 올리기 어려워진다. 이때 식량 쇼크가 찾아온다면 국가의 존망까지 걱정해야 할지도 모른다.

농사는 오래전부터 기른 조나 수수부터 최근의 과채류 농사까지 다양하게 변모해왔다. 그러나 우리는 농사를 짓는다고 하면 보통 벼농사를 떠올린다. 벼는 우리 민족과 공생해왔기 때문이다. 벼라는 것은 쌀의 껍질을 벗겨내기 전의 낟알을 말한다. 또는 뿌리부터 낟알까지의 하나의 개체를 벼라고 한다.

그렇다면 벼의 역사는 언제부터 시작됐을까? 고조선 건국 신화에 환웅이 바람과 구름과 비의 신을 이끌고 하늘에서 내려왔다고 기록돼 있는 것으로 보아 벼농사와 우리 민족의 인연은 오래됐을 것이다.

한편에서는 생산성과 효율성을 내세우며 자동차와 반도체를 위해 쌀을 희생시켜야 한다고 주장하기도 한다. 그러나 과연 식량 위기가 찾아왔을 때 우리는 그런 것들을 먹고 살 수 있을까? 쌀을 경제 논리로만 본다면 필리핀의 아픈 역사가 우리에게도 반복될 수 있다.

쌀은 우리 민족이며 우리들의 역사였다. 그리고 우리와 함께해야 할 미래이기

도 하다. 어떤 일이 있어도 쌀만큼은 반드시 지켜내야 한다.

이천의 모든 곳이 쌀로 유명하지만 이천의 자채방아마을은 세종대왕의 큰형이기도 했던 양녕대군의 식읍이었기 때문에 더 유명하다. 자채방아마을의 이름은 자채쌀에서 유래했는데, 자채쌀은 붉은빛이 감도는 벼 품종의 일종으로 기름진 밥맛이 유명한 이천의 쌀이다.

자채방아마을은 이러한 자채쌀을 테마로 다양한 농업체험을 할 수 있는 농촌체험마을로 탈바꿈했다. 이 근방은 물론 타 지역에서도 유명한데, MBC 예능 프로그램 〈무한도전〉에서 촬영을 와서 더 유명해지기도 했다. 나는 이곳의 농촌체험 프로그램과 넓은 양화천 인근의 평야도 사랑하지만, 이곳 자채방아마을의 오래되지 않은 유적에 더 깊은 애정이 있다.

자채방아마을에 들어서는 길목에는 발걸음을 멈추고 깊게 생각하게 하는 곳이 있다. 군량리로 들어서면 먼저 만세탑이 우리를 반긴다. 3.1운동 때 군량리에서도 만세운동이 일어났다고 한다. 군량리 사람 김보연이 주도했다고 전해지는데, 만세 운동이 일어난 지점에 마을 후손들이 기념탑을 설치했다. 이런 시골에서도 독립의 열망을 표출하는데 당시 최고의 권력자였던 이완용 등의 인물은 거리로 나와 만세운동을 벌이는 학생들에게 '국정을 알지 못하는 경거망동'이라고 폄훼하기도 했다. 이완용은 일본의 자랑스런 후작이 됐고, 군량리에서 만세운동을 주도했던 김보연은 경찰서로 끌려가 모진 고문을 당하고 정신이상이 생겨서 어딘가로 사라졌다. 만세탑은 그런 아픈 역사를 기억하게 한다.

만세탑 근처에는 고종의 죽음에 눈물을 흘리며 슬퍼했던 망곡대도 있다. 그들의 슬픈 눈물의 의미는 무엇이었을까? 옛 임금을 잃어버린 아픔보다 나라를 잃어버리고도 마음껏 울지 못하는 자신들의 처지가 불쌍해서가 아니었을까?

망곡대와 만세탑은 오래된 문화재가 아니다. 모두 1970년대 초반 새마을운동 시절에 마을 유지가 뜻을 모으고 사비를 털어 만든 것들이다. 이들 기념물에 대해 문화재적 가치를 논하는 사람이 있었다. 당시 땅값이 올라 고급차를 타고 다니며 신상 아파트에 투기했던 졸부들과 이분을 비교해야 할 것이다. 망곡대와 만세탑을 세운 사람은 군량리의 김병일 씨다.

만세탑, 망곡대를 거쳐 마을을 지나면 넓은 들판이 나온다. 들판 한가운데 양화천이라는 개울이 흐르는데 이 근방이 바로 농촌체험장이다. 체험장 옆에는 낮은 언덕 위에 무우정이라는 정자가 있는데, 자채방아 마을의 넓은 들판을 가장 잘 조망할 수 있는 곳이 바로 무우정이다. 무우정 옆 양화천은 과거 돛배까지 오갈 정도로 수량이 풍부했다고 한다. 이곳에서 생산된 최고의 쌀은 양화천을 타고 남한강을 거쳐 서울까지 운반됐다. 양화천의 물이 범람하면 사람들은 이곳 무우정의 언덕에 올라 물을 피했을 것이다. 아마 먼 옛날부터 피수대 역할을 하지 않았나 싶다.

무우정은 임진왜란을 전후해서 경상도 관찰사를 지냈던 군량리 출신의 이성임이 세운 것으로 전해지고 있다. 이성임은 조선의 왕족 출신이다. 왕실 가문의 비호 아래 풍요함이 더해가던 이곳 자채방아 마을은 된서리를 맞은 적이 있다. 이성임의 6세손 이사성이 '이인좌의 난'에 연루돼 처형당한 것이다. 당시 역모죄는 이유 불문하고 3족을 멸했기 때문에 이성임의 무우정 역시 이때 헐리게 됐고, 역

모죄에 연루된 가문의 정자라 누구 하나 손도 대지 못했다고 전해진다. 한참 동안 언덕에서 사라졌던 무우정은 1980년대 초반에 다시 중건했다. 옛 맛은 사라졌지만 무우정에서 바라보는 양화천 평야는 여전히 풍요롭고 아름답다.

양녕대군의 땅이었던 이곳은 사실 양녕대군 이전부터 발달된 곳이었다고 한다. 지금도 마을에서는 청동기 시대의 유적과 유물이 출토되고 있다. 고려시대에도 평야에서 나오는 쌀을 중심으로 발달해서 양화천 인근에 커다란 시장이 열리기도 했다. 이와 관련한 강감찬 장군의 설화가 전해 내려온다.

강감찬 장군은 해주목사로 발령돼 그곳에서 기거하게 됐다. 그는 키는 작았지만 다부진 체격과 엄청난 기백이 있었다. 업무도 열정적으로 처리했다고 한다. 그렇게 에너지 넘쳤던 강감찬을 괴롭히던 것이 있었다. 거란족도 아니고 산적의 무리도 아니었다. 바로 인근 연못의 맹꽁이 떼였다. 이놈들이 얼마나 심하게 우는지 장군은 며칠 밤을 뜬눈으로 보냈다. 몇 날을 고민한 장군은 도술을 부려 맹꽁이들을 벙어리로 만들었다. 이 소문이 전국에 퍼져 강감찬 장군의 유명세가 더욱 커졌다.

강감찬 장군은 전쟁이 끝난 뒤 은퇴를 하고 전국을 돌며 유랑을 할 때 이곳 자채방아 마을에도 들렀다. 당시 큰 시장이 있던 이곳 역시 양화천의 맹꽁이 떼 때문에 사람들의 고통이 이만저만이 아니었다. 이곳 사람들의 사정을 들은 장군은 이렇게 이야기를 했다.

"내가 맹꽁이를 벙어리로 만들겠네. 맹꽁이 중에서 가장 큰 놈으로 잡아 오시게."

노인의 정체를 몰랐던 사람들은 처음에는 비웃었다. 그러나 속는 셈치고 가장 큰 맹꽁이를 잡아 장군에게 바쳤다.

장군이 맹꽁이 머리에 붉은 글씨로 쓴 부적을 붙이고 호통을 치니, 양화천의 모든 맹꽁이들이 벙어리가 됐다.

지금도 양화천 인근에는 맹꽁이들이 소리를 내지 못한다는 이야기가 전한다.

이곳 군량리 자채방아 마을은 예전에 군들로 불렸다. 양녕대군의 식읍으로 하사받은 땅이기 때문에 '대군의 들판'이라고 불린 것이다. 이곳에는 양녕대군의 흔적과 청동기 시대의 유적, 그리고 강감찬 장군의 전설까지 어려 있다. 그뿐만이 아니다. 망국의 한과 독립운동, 그리고 그것을 기억하려는 사람들의 고마운 마음까지 만날 수 있다. 이곳은 벼농사로 유명한 이천의 자채방아마을이다.

이천의 쌀 이야기

우리나라에서 가장 유명한 쌀은 이곳 이천쌀이다. 이천쌀이 유명해지기 시작한 것은 500여 년 전으로 거슬러 올라가야 한다. 성종이 세종대왕의 영릉에 성묘하고 한양으로 돌아가는 길에 이천행궁에 머물면서 이천쌀로 밥을 지어 진상했는데 밥맛이 하도 좋아 감탄을 연발했다고 한다. 그래서 이후 궁궐에 이천쌀을 진상하게 됐다.

벼농사의 시작은 봄이 아닌 가을이다. 지금은 좋은 품종의 볍씨를 농협에서 구매해 사용하지만 예전에는 달랐다. 가을걷이가 끝나고 가장 튼실한 놈들로 골라 말려서 보관했다. 볍씨가 될 녀석들은 건조기에 말리면 안 된다. 반드시 가을의 태양 아래 적당히 말린 볍씨라야 한다. 이렇게 농사 준비가 끝나고 3월이 되면 보관했던 볍씨를 약품 처리한 물에 넣어 쭉정이를 거른 후 볍씨를 불려 싹을 약간 틔운다. 그리고 모판에 흙과 함께 담은 뒤에 논의 한구석에 자리를 잡아 준다. 이를 못자리라고 하는데 요즘에는 논이 아니라 비닐하우스에서 기르기도 한다.

못자리가 끝나고 모를 심을 정도의 크기가 되면 모판을 논으로 옮긴 뒤 이앙기로 모내기를 한다. 모내기가 끝나면 어김없이 모 때우기를 한다. 기계가 완벽하지 않기 때문에 사각지대나 빼먹은 부분을 돌아다니며 찾아 일일이 모를 채워 심

는다. 따가운 햇볕 아래 모를 때우시는 어머님의 등을 바라보는 안쓰러움이 끝날 때쯤이면 물과의 싸움이 시작된다. 지금은 양수기가 발달해 필요에 따라 조절이 되지만 예전에는 그 고단함을 이루 말할 수가 없었다. 벼농사는 물이 필요한 시기와 빼야 할 시기가 확실히 나뉘기 때문이다. 날이 더워지면 피와의 전쟁이 시작된다. 논에 자라는 잡초를 피라고 부르는데 일일이 돌아다니며 뽑아야 한다.

이렇게 고된 과정을 거치고 가을 햇살이 조금 더 도와주면, 여름의 푸른 벼가 황금빛 알곡으로 자라 온 들판을 노랗게 물들인다. 세상에 그냥 이뤄지는 것은 없다. 도시 사람들에게 황금들녘은 풍요로움과 예쁜 풍경이 되겠지만, 농민에게 벼가 누렇게 익은 논은 삶의 보람과 위로, 그리고 자부심이다.

가을과 겨울의 텅 빈 들판은 아이들의 몫이 된다. 띄엄띄엄 빈 논에는 메뚜기가 지천으로 날아다녔다. 우리들끼리 메뚜기 풀이라 부르던 것이 있다. 이 메뚜기 풀에 잡은 메뚜기를 꿰서 보관을 했는데, 메뚜기 여러 꿰미를 집에 가져가면 그날 저녁에는 집집마다 들기름으로 메뚜기를 볶는 냄새가 진동했다.

수확하고 남은 볏단은 예전엔 초가의 지붕재로 쓰이기도 했지만 요즘 볏단은 돈벌이가 된다. 아마 가을 들판 사이를 지나다 보면 마시멜로 모양을 한 커다란 물체를 본 적이 있을 거다. 다들 궁금해 하는데 이는 벼의 알곡을 수확하고 남은 볏짚을 모아 놓은 것이다. 모은 볏짚은 축산 농가에 팔려 간다. 그렇게 해서 받은 돈은 수확할 때 쓰는 콤바인 빌리는 금액으로 충당한다. 우리 아버지는 논에서 난 것은 나락을 제외하곤 다시 논으로 돌아가야 한다고 생각하신다. 그래서 우리 논의 볏단은 수확과 함께 다시 갈아서 논에 뿌린다. 그래야 내년에 자랄 벼들이 충분한 영양을 섭취할 수 있다는 이유에서다.

날이 추워지기 전에 부지런한 농부들은 논에 물을 채우기 시작한다. 물이 채워지고 날이 추워지면 치열했던 농부의 일터는 아이들의 놀이터로 변한다. 그 옛날 아이들은 썰매와 스케이트, 아이스하키를 하면서 그렇게 놀았다.

빙판 아래의 겨울 논은 쉬지 않는다. 물속에서 얼고 녹고를 반복하면서 수확 후 남은 벼의 밑동이 삭기 시작한다. 물속에서 삭은 볏단은 다가올 봄에 어린 모가 자랄 양분이 된다.

내가 살았고 부모님께서 여전히 살고 계신 신갈리는 낮은 구릉에 자리 잡고 있다. 구릉 주변에 있는 두 개의 개울 옆의 넓은 들판에는 벼가 여문다. 개울 옆 들판의 이름은 '작들'과 '감상개'다. 감상개의 어원은 잘 모르겠으나, 작들의 원래 이름은 '관작들'이라고 아버님께 들었다. 관에서 운영해서 궁궐에 진상을 하거나 관의 운영비로 쓰이는 쌀을 생산하는 들판이란 뜻이다. 작들에는 우리 집의 커다란 논이 있었다. 모내기를 할 때면 80년대 초만 해도 수십 명이 달라붙어 겨우 하루에 끝낼 수 있는 크기의 논이었다.

일하는 날 점심이 되면 어머니는 이웃 아주머니들과 함께 큰 들통에 밥과 반찬, 술안주를 넣어 머리에 이고 작들로 향하셨다. 머리에 이는 특성상 손에 무언가를 들 수 없기에, 나는 항상 동네 구멍가게에서 막걸리를 받아서 어머니를 따라나섰다.

작들에서의 점심은 이천의 만찬이었다. 작들, 이곳에서 태어난 사람들, 그들이 심는 모는 지난해 이곳 기름진 논에서 수확한 볍씨였고 그들이 먹는 밥 역시 작들에서 키운 쌀이었다. 그리고 음식을 내온 손은 이곳으로 시집온 어머님들이었다. 노동의 고단함을 달랬던 알싸한 막걸리 역시 이천쌀로 빚어낸 것이었다.

이천 작들의 논둑은 사람과 하늘과 물과 땅의 만찬이었다.

epilogue

가족과 함께 답사를 하고 글을 쓰면서 일상에서 1센티미터만 벗어나면 새로운 세계가 열린다는 것을 깨닫게 되었습니다. 보람도 많이 느꼈습니다. 이 책을 쓰게 된 직접적인 계기는 블로그의 글이었습니다. '이천에는 가볼 곳이 없다.'라는 글. 아내와 아들과 함께 10년 넘게 다니고 있지만, 이천에는 소소한 사연을 간직한 곳이 많습니다. 앞에서 말했던 묵직한 답사처는 드물지만 계절에 따라 달라지는 모습도 아름답고 체험할 곳도 많습니다. 가볼 곳 없다는 생각이 잘못된 것임을 보여주고 싶었습니다. 다녀왔던 곳이지만 다시 차근차근 답사하면서 이곳 이천이 얼마나 다양한 이야기가 숨어 있는 곳인지 한 번 더 확인할 수 있었습니다.

감사 인사를 전합니다. 먼저 아름다운 연당을 잘 가꿔주시는 임내신의 후손 임광빈 어르신께 감사드리고, 육괴정과 백사일대를 소개해준 남당 엄용순의 후손 엄태준 변호사께 감사드립니다. '장호원의 옛이야기'라는 책을 통해 소중한 이야기를 들려주신, 이제는 고인이 되신 허섭 선생님께 감사를 드리고, 이천시 역사와 문화에 대해 좋은 글 남겨주신 송라문화원에 감사드리며, 이천의 유적과 민속을 기록으로 남긴 강남대학교 학술조사단과 이천시 문화원에 감사를 드립니다. 궁예의 미륵불을 안내해주신 두미리 송석진 이장님, 노인회와 대동제에 초대해주신 풍계리 정범식 이장님과 노인회장님, 효양산 아래에서 회화나무를 가꾸고 계신 마암리 이홍우 이장님, 도니울 체험마을을 운영하시는 장순선 이장님, 찜빵나무를 관리하시는 대대리 최윤혁 이장님, 나래리의 한순갑 어르신, 박난영장군의 후손 박성식 어르신, 영월암의 보문스님, 단내성지의 바오로 신부님, 어농성지의 신마리아님, 형님처럼 좋은 말씀 해주시는 장호원 사과과수원의 엄철흠 형님, 와우목장의 위철연 농장주님, 권균의 후손이신 산내리의 권오삼 아버님, 어재연 장군의 후손 어흥선 이장님, 백사초교를 아름답게 가꾸시는 선삼석 교장선생님, 양정여고 이봉식 교장선생님, 도자를 가르쳐주신 들꽃마을 도예공방 최현숙 선생님, 다해공방 김세경 선생님, 돼지박물관을 아름답게 가꾸고 계신 이종영 박물관장님, 청미문학회의 박재환 부회장님, 사중금도예를 운영하시는 부악문학회 홍선표 회장님과 사진촬영에 협조해주신 도예촌의 신창희그릇, 단고재, 용광도요, 모음, 심스, 누보도예공방 대표님께 감사를 드립니다. 이천의 산과 들을 자전거로 함께 달렸던 이천MTB회원들과 아들 재현이와 행복한 라이딩을 하다 이제는 구름 위를 달리고 있을 다운배님.. 그립습니다. 함께 집 짓고 살자 해놓고 먼저 하늘에 집을 지은 친구 정태, 아름다운 길을 소개해준 우곡리의 농사꾼 이재남, 복숭아나무를 잘 길러주고 계신 김종우시인, 은행나무 결혼이야기를 해주고 조언을 아끼지 않으신 가경 누님과 채기순 누님께, 일이 막힐 때마다 고민을 함께 나눈 트윈스 골수팬 권영철씨와 민병대 바로선 학원장, 하이닉스 근방을 소개해준, 누구보다 하이닉스를 사랑하는 이영구 기정께 감사드립니다. 이 책에 싣는 것을 허락해준, 아름다운 사진을 찍는 이천 출신의 김형식 사진작가, 세라피아의 젊은 도예작가 유경옥작가와 하성미작가, 책을 준비할 때 많은 조언을 해주신 지평립사장님, 나무와 꽃에 대한 정보를 아낌없이 나눠주신 페이스북 '야생화를 사랑하는 사람들' 선배님들, 책에 작품을 싣는 것을 흔쾌히 허락해주신 도예고등학교 선생님들과 도자에 청춘을 맡긴 도예고 학생들에게 감사를 드립니다. 무엇보다 시골 마을회관과 느티나무 아래에서 쉬고 계신 세상의 모든 할머님과 할아버지께 감사를 드립니다. 사위가 하는 일에 무조건 믿음을 보내주시는 김영호·이호선 장인장모님, 그리고 마음 깊이 사랑하는 이성적이며 정의로운 아내와 투덜대면서도 함께 답사를 다니며 사진을 찍어준 친구 같은 아들 최태랑에게 사랑한다는 말을 전합니다. 서울에서 공부하며 인텔리의 삶을 살다 할아버지께서 갑작스레 돌아가시고 가업을 이어 모가면의 농부가 되신 아버님과 광주 초월에서 앳된 시절에 시집오셔서 농군의 아내가 된 어머님. 이천 모가의 들녘에서 뜨거운 햇볕 아래 고된 일을 하시며 자식들을 키워주신 최선기, 허근례 부모님께 이 책을 드립니다.

그립다면 한번쯤

이천

초판 1쇄 | 2015년 7월 30일

지은이 | 최석재

발행인 겸 편집인 | 유철상
기획 | 남유니
편집 | 황유라
교정·교열 | 황유라
디자인 | Luna Design
마케팅 | 조종삼, 남유니, 임지연

펴낸 곳 | 상상출판
주소 | 서울시 동대문구 정릉천동로 58, 103동 206호(용두동, 롯데캐슬 피렌체)
구입·내용 문의 | **전화** 02-963-9891, 070-8886-9892 **팩스** 02-963-9892
이메일 cs@esangsang.co.kr
등록 | 2009년 9월 22일(제305-2010-02호)
찍은 곳 | 다라니

※ 가격은 뒤표지에 있습니다.

ISBN   979-11-86517-22-2
© 2015 최석재

www.esangsang.co.kr